普通高等院校"十二五"规划教材

软件设计与体系结构

刘其成　主　编

毕远伟　副主编

U0310295

中国铁道出版社

CHINA RAILWAY PUBLISHING HOUSE

内 容 简 介

本书对软件体系结构和软件设计的基本原理、方法和实践进行了系统的介绍，包括软件体系结构与软件设计在软件工程中的地位和作用、软件体系结构与组件、经典软件体系结构风格、分布式软件体系结构风格、MVC 风格与 Struts 框架、软件设计的目标、面向对象软件设计方法、并行软件设计与实现、设计原则、设计模式等内容。

本书在介绍软件体系结构和软件设计原理的前提下，特别注重实用性。书中含有大量精心设计并调试通过的程序实例，方便读者使用。本书集编者多年的教学经验编写而成，语言通俗易懂，内容安排合理，讲解深入浅出。

本书可作为普通高等院校软件工程专业、计算机科学与技术专业以及信息类相关专业本科生和研究生的教材，也可作为软件工程培训教材，以及软件开发人员的参考书。

图书在版编目（CIP）数据

软件设计与体系结构 / 刘其成主编. —北京：中国铁道出版社，2012.8（2017.11重印）

普通高等院校"十二五"规划教材

ISBN 978-7-113-14684-9

Ⅰ. ①软…　Ⅱ. ①刘…　Ⅲ. ①软件设计－高等学校－教材　Ⅳ. ①TP311.5

中国版本图书馆 CIP 数据核字（2012）第 144289 号

书　　　名：软件设计与体系结构
作　　　者：刘其成　主编

策　　划：郑　涛　　　　　　　　读者热线：(010) 63550836
责任编辑：吴宏伟
编辑助理：何　佳
封面设计：刘　颖
封面制作：刘　颖
责任印制：李　佳

出版发行：中国铁道出版社（100054，北京市西城区右安门西街 8 号）
网　　址：http://www.tdpress.com/51eds/
印　　刷：虎彩印艺股份有限公司
版　　次：2012 年 8 月第 1 版　　　2017 年 11 月第 3 次印刷
开　　本：787mm×1092mm　　1/16　　印张：14.5　　字数：349 千
书　　号：ISBN 978-7-113-14684-9
定　　价：29.00 元

前 言

教育部高等学校计算机科学与技术教学指导委员会制定的《软件工程（本科）专业规范》中，"软件设计与体系结构"已经作为一门核心课程单独列出，并有相应的知识单元和知识点。本书面向高等院校的学生和从事软件开发以及相关领域的工程技术人员，紧密结合软件工程专业和方向的规范，在充分考虑普通高等院校学生实际情况的基础上，覆盖规范中软件设计与体系结构课程要求的知识单元和知识点。

教材内容、教学方法、教学手段的改革是我们每位教育工作者的重要任务。编者根据多年的教学和软件开发经验，在原讲义几年教学实践的基础上，对其中的内容取舍、组织编排和实例都进行了精心设计后形成本书。本书在难易程度上遵循由浅入深、循序渐进的原则，特别考虑到普通高等学校本科学生的实际理解和接受能力。与以往许多软件工程相关教材主要以理论为主不同，本书突出实用性，将复杂的理论融入具体的实例和程序之中。书中的实例均经过精心设计，程序代码都做了认真调试，可以直接运行，方便读者理解和使用。同时，培养学生自学的能力、获取知识的能力也是非常重要的；在编写本教材的过程中，编者力图在内容编排、叙述方法上留有教师发挥空间的同时，也留有学生自学的空间。

全书共分 10 章。第 1 章介绍结构化和面向对象软件开发方法，以及软件体系结构和软件设计的基本概念。第 2 章介绍软件体系结构的定义；组件与 JavaBeans；软件体系结构的研究内容，包括分析设计与验证、评价、建模、描述语言等形式化工具、发现演化与复用、风格、基于软件体系结构的软件开发方法、特定领域软件体系结构等。第 3 章介绍经典的软件体系结构风格，包括管道/过滤器风格、数据抽象与面向对象风格、层次结构风格、基于事件的隐式调用风格、仓库风格、解释器风格、反馈控制环风格等。第 4 章介绍分布式软件体系结构风格，包括两层 C/S 风格、三层 C/S 风格、B/S 风格、P2P 风格等；中间件。第 5 章介绍 MVC 风格的概念及其在 J2EE 中的应用，Struts 框架的原理和应用。第 6 章介绍软件设计的目标，包括正确性、健壮性、可复用性、可维护性和高效性等。第 7 章介绍面向对象软件设计，包括问题域部分、人机交互部分、数据管理部分和控制驱动（任务管理）部分。第 8 章介绍应用系统并行软件的设计和实现技术，包括 Java 多线程机制、OpenMP 共享内存多线程并行技术和 MPI 消息传递并行技术。第 9 章介绍软件设计原则，包括开–闭原则、里氏代换原则、合成/聚合原则、依赖倒转原则、迪米特法则、接口隔离原则和单一职责原则等。第 10 章从原理、结构和示意源代码三个方面介绍主要的创建型设计模式、结构型设计模式和行为型设计模式。

本书由刘其成任主编，毕远伟任副主编。第 1~2 章由毕远伟编写，第 3~10 章由刘其成编写，郑文静、胡佳男、张莹莹、王金辉、李乐全参与了部分内容的编写，郑文静还绘制了部分图形。

在本书的编写过程中，参阅了大量书籍和网站等资料，并得到了王创存教授及中国铁道出版社郑涛编辑、潘晨曦编辑的支持和帮助，在此表示衷心感谢。

尽管书稿几经修改，但由于编者学识有限，书中难免有疏漏、不当之处，恳请各位同仁、读者不吝赐教。

编　者
2012 年 5 月

目 录

第1章 概　述

学习目标

- 掌握结构化和面向对象软件工程方法学
- 了解软件设计的概念
- 了解软件体系结构的概念

通常把软件生命周期全过程中使用的一整套技术方法的集合称为软件工程方法学，它包括方法、工具和过程三要素。常用的软件开发方法包括结构化方法和面向对象方法。软件体系结构和软件设计是软件生命周期中的重要阶段。

1.1　软件工程方法学

软件生存周期指一个计算机软件从功能确定、设计，到开发成功投入使用，并在使用中不断地修改、增补和完善，直到停止使用该软件的全过程。通常把软件生命周期全过程中使用的一整套技术方法的集合称为软件工程方法学，它包括方法、工具和过程三要素。常用的软件开发方法包括结构化方法和面向对象方法。

1.1.1　结构化方法

结构化软件工程一般把软件开发和运行过程划分为下面几个主要阶段：系统分析、软件设计、程序编写、软件测试、运行和维护。软件工程强调各阶段的完整性和先后顺序，根据不同阶段的特点，运用不同的手段完成各阶段的任务。软件开发人员遵循严格的规范，在每一阶段工作结束时进行阶段评审，得到该阶段的正确的文档，作为阶段结束的标志，并作为下一阶段工作的基础。逐步实现各阶段的目标，从而保证软件的质量。

（1）系统分析。确定要开发软件系统的总目标，完成该软件任务的可行性研究。解决软件"做什么"的问题，对用户的需求正确理解，进行分析、综合，并给出详细的定义。

（2）软件设计。解决软件"怎么做"的问题，结构化的软件设计可分为概要设计和详细设计两部分。概要设计是把软件需求转化为软件系统的总体结构和数据结构，结构中每一部分都是意义明确的模块，每个模块都和某些需求相对应。详细设计也称过程设计，是对每个模块要完成的工作进行具体描述，给出详细的数据结构和算法，为源程序的编写打下基础。

（3）程序编写。根据软件设计阶段的结果，以某一种特定的程序设计语言在计算机上编写程序，真正实现一个具体的软件系统。写出的程序应该是结构良好、清晰易读的，并且要与软件设计相一致。

（4）软件测试。查找和修改系统分析、软件设计和程序编写过程中的错误，以保证软件的质量，包括单元测试、集成测试和有效性测试。单元测试是查找各模块在功能和结构上存在的问题并加以纠正；集成测试将已测试通过的模块按一定顺序组装起来进行测试；有效性测试按规定的各项需求逐项进行测试，判断已开发的软件是否合格，能否交付用户使用。

（5）运行和维护。软件系统运行过程中会受到各种人为的、技术的、设备的影响，这就要进行软件维护，使软件适应变化，不断地得到改善和提高，以保证软件正常而可靠地运行。包括纠正性维护、适应性维护、完善性维护和预防性维护。纠正性维护是在运行中发现了软件中的错误而进行的修改工作；适应性维护是为了适应变化了的软件工作环境而做出适当的变更；完善性维护是为了增强软件的功能而做出的变更；预防性维护是为未来的修改与调整奠定更好的基础而进行的工作。

软件总是有体系结构的，不存在没有体系结构的软件。体系结构一词在英文里也是"建筑"的意思。可以把软件比做一座楼房，具有基础、主体和装饰：基础设施软件是操作系统、主体应用程序实现计算逻辑、用户界面程序方便用户使用。从细节上来看，每一个程序也是有结构的。早期的结构化技术将软件系统分成许多模块，模块间相互作用，自然地形成了体系结构。但是采用结构化技术开发软件，程序规模不大，采用自顶向下、逐步求精，并注意模块的耦合性就可得到相对良好的结构，所以并未特别研究软件体系结构。

结构化软件工程方法存在的问题和缺点。

与以前随心所欲的个人化脑力劳动方式相比，结构化软件工程方法是一个较大的进步，一定程度上解决了软件危机的问题。但是，结构化技术开发的软件，具有稳定性差、可维护性差和可复用性差的缺点。

结构化软件工程方法要等到开发后期（即软件测试阶段）才能得到可运行的软件，如果在这个时候发现软件功能与用户需求不符，或发现有较大错误，会造成很大的损失和浪费，甚至导致软件项目开发的失败。

软件系统产生的错误有很大比例是系统分析不准确导致的，主要原因是在开发初期，用户缺乏计算机方面的知识，难以清楚地给出所有需求，而开发人员缺乏用户的业务知识，很难给出切合实际的软件系统描述，这样就会造成开发出来的软件功能与用户需求不符。软件系统应该具有可维护性，适应用户需求的变化。传统的结构化软件工程方法在开发过程中很少考虑可维护性，从而很少允许用户需求发生变化，容易导致各种问题的发生。

1.1.2　面向对象方法

为了解决结构化软件工程方法中存在的问题，应该从考虑问题的方法上着手，尽可能地使分析、设计和实现一个系统的方法更接近认识这个系统的方法。面向对象的软件工程仍采用了结构化软件工程的某些成熟思想和方法，在软件开发过程中仍采用分析、设计、编程、测试等技术，但在构造系统的思想方法上进行了改进。

软件系统所解决的问题涉及的业务范围称做该软件的问题域。面向对象软件工程强调以问题域中的事物为中心来考虑问题，根据这些事物的本质特征，抽象地表示为对象，作为系统的基本构成单位。因此，面向对象软件工程可以使软件系统直接地映射问题域，使软件系统保持问题域中事物及其相互关系的本来面貌。

1. 面向对象软件工程

面向对象的软件工程包括面向对象分析（OOA）、面向对象设计（OOD）、面向对象编程（OOP）、面向对象测试（OOT）和面向对象维护等主要内容。

（1）面向对象的分析。OOA 直接针对问题域中客观存在的各种事物，建立 OOA 模型中的对象。用对象的属性和服务分别描述事物的静态特征和动态特征。

OOA 模型还描述问题域中事物之间的关系。用一般/特殊结构描述一般类与特殊类之间的关系——继承关系，用整体/部分结构描述事物间的组成关系——聚合/组合关系，用实例连接表示事物之间的静态联系——一个对象的属性与另一对象属性有关，用消息连接表示事物之间的动态联系——一个对象的行为与另一对象行为有关。

无论是对问题域中的单个事物，还是对各个事物之间的关系，OOA 模型都保留着它们的原貌，没有转换、扭曲，也没有重新组合，所以 OOA 模型能够很好地映射问题域。OOA 所采用的概念及术语与问题域中的事物保持了最大限度的一致，不存在鸿沟。

（2）面向对象的设计。OOA 针对问题域运用面向对象的方法，建立一个反映问题域的 OOA 模型，不考虑与系统实现有关的编程语言、图形用户界面、数据库等因素，使 OOA 模型独立于具体的实现。OOD 则是针对系统的一个具体的实现运用面向对象的方法进行设计。首先把 OOA 模型作某些必要的修改和调整，作为 OOD 的一个部分；然后补充人机界面、数据存储、任务管理等与实现有关的部分。这些部分与 OOA 采用相同的表示法和模型结构。

OOA 与 OOD 采用一致的表示法是面向对象软件工程优于传统软件工程的重要因素之一。从 OOA 到 OOD 不存在转换，只有局部的修改或调整，并增加几个与实现有关的独立部分。因此 OOA 与 OOD 之间不存在传统软件工程中分析与设计之间的鸿沟，彼此间能紧密衔接，降低了从 OOA 到 OOD 的难度和工作量。

（3）面向对象的编程/实现。认识问题域与设计系统的工作已经在 OOA 和 OOD 阶段完成，对系统需要设立的每个对象类及其内部构成（属性和服务）与外部关系（继承、聚合等）有了透彻的认识和清晰的描述，不会有问题遗留给程序员去思考。

OOP 的实现过程相对比较简单，它用一种面向对象的编程语言把 OOD 模型的每个部分书写出来，程序员用具体的数据结构来定义对象的属性，用具体的语句来实现算法。

（4）面向对象的测试。在测试过程中继续运用面向对象技术，对用面向对象的技术开发的软件，进行以对象概念为中心的软件测试，可以更准确地发现程序错误并提高测试效率。

由于封装性，对象成为一个独立的程序单位，只通过有限的接口与外部发生关系，可以减少错误的影响范围。OOT 以对象作为基本测试单位，查错范围主要是类定义之内的属性和服务，以及有限的对外接口所涉及的部分。另外，由于继承性，在对父类测试完成之后，子类的测试重点只是那些新定义的属性和服务。

OOT 还可以通过捕捉 OOA/OOD 模型信息，检查程序与模型不匹配的错误。这一点是传统的结构化软件工程方法难以达到的。

（5）面向对象的软件维护。维护人员一般不是当初的开发人员，读懂并正确地理解由别人开发的软件是件困难的事情。同时，用传统的结构化软件工程方法开发的软件，各阶段文档表示不一致，程序不能很好地映射问题域，从而加大了维护工作的难度。

软件工程从传统的结构化软件工程进入到了现代的面向对象软件工程后，需要进一步研究整个软件系统的体系结构，寻求质量最好、建构最快、成本最低的构造过程。在引入了软件体系结构的软件开发之后，应用系统的构造过程变为面向对象分析、软件体系结构、面向对象设计、面向对象编程、面向对象测试和面向对象维护，可以认为软件体系结构架起了面向对象分析和面向对象设计之间的一座桥梁。

2．面向对象软件工程主要优点

首先，符合常规的思维方式。面向对象软件工程把问题域的概念映射到对象及其关系，符合人们通常的思维方式，避免了结构化软件工程从问题域到分析阶段的映射问题。

第二，连续性好。面向对象软件工程的分析、设计和编码采用一致的模型表示，各阶段文档表示一致，后一阶段可直接利用前一阶段的结果（见图 1-2），避免了结构化软件工程各阶段表示方法不连续的问题（数据流图与模块结构图需要转换，见图 1-1），降低了理解的难度，减少了工作量并降低了映射误差。另外，程序与问题域一致，发现了程序中的错误，可以方便地逆向追溯到问题域；需求发生了变化，可以方便地从问题域正向地追踪到程序。

图 1-1　传统软件工程　　　　图 1-2　面向对象软件工程

第三，可维护性好。面向对象方法具有封装性，可以使对象结构在外部功能发生的变化保持相对稳定，并使改动局限于一个对象的内部。修改一个对象时，很少影响其他对象，避免了波动效应。

第四，可复用性好。面向对象方法的继承性和封装性可以很好地支持软件复用，并易于扩充。

1.2　软件设计与体系结构

1．软件设计

软件设计形成一套文档，根据这些文档，程序员能够完整地设计出应用程序。软件设计的结果可以使程序员不需要其他文档的帮助，就可以编写程序。软件设计就像是建筑物和机械零件的图纸，建筑商和技术工人根据图纸就可以盖好相应的建筑物和加工好相应的零件。

2．软件体系结构

结构化技术是以砖、瓦、预制梁等盖平房，而面向对象技术以整面墙、整间房、一层楼梯的预制件盖高楼大厦。土木工程进入到了现代建筑学，怎样才能容易地构造体系结构？什么是合理的组件搭配？重要组件更改以后，如何保证整栋高楼不倒？不同的应用领域（学校、住宅、写字楼）分别需要什么样的组件？是否具有实用、美观、强度、造价合理的组件，从而使建造出来的建筑（即体系结构）更能满足用户的需求？

同样，软件工程也从传统的结构化软件工程进入到了现代的面向对象软件工程，需要进一步研究整个软件系统的体系结构，寻求质量最好、建构最快、成本最低的构造过程。

软件体系结构（Architecture）是设计抽象的进一步发展，满足了更方便地开发更大、更复杂的软件系统的需要。随着软件系统规模越来越大、越来越复杂，对软件总体的系统结构设计和规格说明比起对计算的算法和数据结构的选择变得重要得多。

软件体系结构发展的第一个阶段是"无体系结构"设计阶段，以汇编语言进行小规模应用程序开发为特征。第二个阶段是萌芽阶段，出现了程序结构设计主题，主要特征是使用了控制流图和数据流图。第三个阶段是初期阶段，出现了以 UML 为典型代表的从不同侧面描述系统的结构模型。第四个阶段是高级阶段，以描述系统的高层抽象结构为中心，不关心具体的建模细节，该阶段以 Kruchten 提出的"4+1"模型为标志。

解决好软件的质量、复用性和可维护性问题，是研究软件体系结构的根本目的。

第 2 章　软件体系结构

学习目标

- 理解软件体系结构的定义
- 掌握 JavaBeans 组件技术
- 了解软件体系结构的研究内容

软件体系结构是控制软件复杂性、提高软件系统质量、支持软件开发和复用的重要手段之一，是软件工程的一个重要的研究领域。软件体系结构的主要研究内容包括软件体系结构的分析、设计与验证，评价方法，建模研究，描述语言等形式化工具，发现、演化与复用，软件体系结构风格，基于软件体系结构的软件开发方法，特定领域的软件体系结构，软件产品线体系结构等。

2.1　软件体系结构的定义

软件体系结构已经在软件工程领域中有着广泛的应用，但迄今为止还没有一个公认的定义。许多专家学者从不同角度对软件体系结构进行了定义，较为典型的有以下几种。

（1）Dewayne Perry 和 Alex Wolf 认为软件体系结构是组件（具有一定形式的结构化元素）的集合，包括处理组件、数据组件和连接组件。处理组件负责对数据进行加工，数据组件是被加工的信息，连接组件把体系结构的不同部分组合连接起来。

（2）Mary Shaw 和 David Garlan 认为软件体系结构是软件设计过程中，超越计算过程中的算法设计和数据结构设计的一个层次。软件体系结构处理整体系统结构设计和描述方面的一些问题，如全局组织和全局控制结构、关于通信、同步与数据存取的协议，设计组件功能定义，物理分布与合成，设计方案的选择、评估与实现等。

（3）Kruchten 认为软件体系结构有四个角度，从不同方面对系统进行描述：概念角度描述系统的主要组件及其关系，模块角度包含功能分解与层次结构，运行角度描述一个系统的动态结构，代码角度描述各种代码和库函数在开发环境中的组织。

（4）Hayes Roth 认为软件体系结构是一个抽象的系统规范，主要包括用其行为来描述的功能组件和组件之间的相互连接、接口和关系。

（5）David Garlan 和 Dewne Perry 认为软件体系结构是一个程序/系统各组件的结构、它们之间的相互关系以及进行设计的原则随时间进化的指导方针。

（6）Barry Boehm 认为一个软件体系结构包括一个软件和系统组件，是互联及约束的集合；一个系统需求说明的集合；一个基本原理以说明这一组件，互联和约束能够满足系统需求。

（7）Bass、Ctements 和 Kazman 认为一个程序或计算机系统的软件体系结构包括一组软件组件、软件组件的外部的可见特性及其相互关系。软件外部的可见特性是指软件组件提供的服务、性能、特性、错误处理、共享资源使用等。

（8）张友生在《软件体系结构》一书中的定义：软件体系结构为软件系统提供了一个结构、行为和属性的高级抽象，由构成系统的元素的描述、这些元素的相互作用、指导元素集成的模式以及这些模式的约束组成。软件体系结构不仅指定了系统的组织结构和拓扑结构，并且显示了系统需求和构成系统的元素间的对应关系，提供了设计决策的基本原理。

总之，软件体系结构的研究正在发展，软件体系结构的定义也必然随之完善。

软件体系结构是可复用的模型，软件体系结构级的复用意味着体系结构能在具有相似需求的多个系统中发生影响，这比代码级的复用要有更大的好处。

2.2　组件与 JavaBeans

2.2.1　组件

生活中，组装一台计算机时，人们可以选择多个组件，例如内存、显卡、硬盘等，一个组装计算机的人不必关心内存是怎么研制的，只要根据说明书了解其中的属性和功能即可。不同的计算机可以安装相同的内存，内存的功能完全相同，但它们是在不同的计算机里面，一台计算机的内存发生了故障并不影响其他的计算机；也可能两台计算机连接了一个共享的组件：集线器，如果集线器发生了故障，两台计算机都受到同样的影响——无法连接网络。

在可视化的编程环境中编写程序时，可以把一个按钮组件或文本框组件拖放到应用程序窗体中，还可以很方便地重新更改它的名字等属性。

类级的复用（代码复用）是以类为封装的单位，但这样的复用粒度还太小，不足以解决异构互操作和效率更高的复用。组件是对一组类的组合进行封装，并代表完成一个或多个功能的特定服务，也为用户提供了多个接口。整个组件隐藏了具体的实现，只用接口提供服务。

一般认为，组件是指语义完整、语法正确和有可复用价值的单位软件，是软件复用过程中可以明确辨识的系统；结构上，它是语义描述、通信接口和实现代码的复合体。简单地说，组件是具有一定的功能，能够独立工作或能同其他组件装配起来协调工作的程序体，组件的使用同它的开发、生产无关。

近年来，组件技术发展迅速，已形成三个主要流派，分别是 IBM 支持的 CORBA 、Sun 的 Java 平台和 Microsoft 的 COM/DCOM：OMG（ Object Management Group，对象管理集团 ）的 CORBA（ Common Object Request Broker Architecture，通用对象请求代理结构 ）；Sun 的 JavaBeans 和 EJB（ Enterprise Java Bean ）；Microsoft 的 DCOM（ Distributed Component Object Model，分布式组件对象模型 ）。

JavaBeans 是一种规范，一种在 Java（包括 JSP）中使用可重复使用的 Java 组件的技术规范；按照 Sun 公司的定义，JavaBeans 是一个可重复使用的软件组件。同时，JavaBeans 是一个 Java 的类，通过封装属性和方法具有某种功能或者处理某个业务，这样的 Java 类一般对应于一个独立的.java 文件。另外，当 JavaBeans 这样的一个 Java 类在具体的 Java 程序中被实例之后，有时也会将这样的一个 JavaBeans 的实例称为 JavaBeans。

由于 JavaBeans 是基于 Java 语言的，因此 JavaBeans 不依赖平台，可以在任何安装了 Java 运行环境的平台上的使用，而不需要重新编译。同时，JavaBeans 可以实现代码的复用，易编写、易维护、易使用。

2.2.2 编写和使用 JavaBeans

一个基本的 JSP 页面由普通的 HTML 标签和 Java 程序组成，如果 Java 程序和 HTML 大量交互在一起，就显得页面混杂，不易维护。JSP 页面应当将数据的处理过程指派给一个或几个 JavaBeans 来完成，只需在 JSP 页面中调用这个 JavaBeans 即可。在 JSP 页面中调用 JavaBeans，可有效地分离静态工作部分和动态工作部分。

1. 编写 JavaBeans

JavaBeans 分为可视组件和非可视组件。在 JSP 中主要使用非可视组件。对于非可视组件，不必去设计它的外观，主要关心它的属性和方法。

编写 JavaBeans 就是编写一个 Java 的类。为了让使用这个 JavaBeans 的应用程序构建工具（比如 JSP 引擎）知道这个 JavaBeans 的属性和方法，在类的方法命名上要遵守以下规则：

如果类的成员变量的名字是 xxx，那么为了更改或获取成员变量的值，即更改或获取属性，在类中就需要有两个方法。getXxx()：用来获取属性 xxx；setXxx()：用来修改属性 xxx。对于 boolean 类型的成员变量，即布尔逻辑类型的属性，允许使用 "is" 代替上面的 "get" 和 "set"。

类中的普通方法不适合上面的命名规则，但这个方法必须是 public（公共）的。类中如果有构造方法，那么这个构造方法也是 public 的并且是无参数的。下面编写一个简单的 JavaBeans。

```
package graph;
import java.io.*;
public class Square{
  int side;
  public Square(){
    side=1;
  }
  public int getSide(){
    return side;
  }
  public void setSide(int newSide){
    side=newSide;
  }
  public double squareArea(){
    return side*side;
  }
  public double squareLength(){
    return 4.0*side;
  }
}
```

将上述 Java 文件保存为 Square.java，并编译，得到字节码文件 Square.class，存放位置为 tomcat 安装目录的 webapps\ROOT\WEB-INF\classes\graph 子目录中。

2. 使用 JavaBeans

为了在 JSP 页面中使用 JavaBeans，必须使用 JSP 动作标签：useBean。useBean 格式：
<jsp:useBean id= "给 JavaBeans 起的名字" class= "创建 JavaBeans 的类"

生成一个满足软件需求的软件体系结构的过程即为软件体系结构设计。软件体系结构设计将系统分解成相应的组成成分（组件、连接件），并将这些成分重新组装成一个系统。软件体系结构设计是软件设计中非常重要的一个环节，软件开发过程中只要需求和体系结构确定之后，这个软件基本上也就定型了。

软件体系结构测试着重于仿真系统模型，解决软件体系结构层的主要问题。由于测试的抽象层次不同，软件体系结构测试策略可以分为单元/子系统/集成/验收测试等阶段的测试策略。在软件体系结构集成测试阶段，Debra 等人提出了一组针对体系结构的测试覆盖标准，Paola Inveradi 提出了一种基于 CHAM 的体系结构语义验证技术。

2．软件体系结构风格

软件体系结构设计研究的重点内容之一是软件体系结构风格，软件体系结构风格在本质上反映了一些特定的元素按照特定的方式组成一个特定的结构，该结构应有利于上下文环境中的特定问题的解决。软件体系结构风格分为固定术语和参考模型两个大类。已知的固定术语类的体系结构模型包括管道过滤器、面向对象、基于事件的调用方法、层次、黑板、客户/服务器等；而参考模型则相对较多，常常与特定领域相关。

3．软件体系结构评价方法

软件体系结构是系统集成的蓝本、系统验收的依据，好的软件体系结构可以减少和避免软件错误的产生和维护阶段的高昂代价。软件体系结构本身需要分析与测试，以确定这样的软件体系结构是否满足需求。通过评估来预见软件的质量，并通过分析来创建、选择、评估与比较不同的软件体系结构。

目前，常用的软件体系结构分析（评估）方法有体系结构权衡分析方法（Architecture Tradeoff Analysis Method，ATAM）、软件体系结构分析方法（Software Architecture Analysis Method，SAAM）和中间设计积极评审法（Active Reviews for Intermediate Design，ARID）。其中，ATAM 方法不但能够揭示体系结构如何满足特定的质量需求（例如性能和可修改性），而且还提供了分析这些质量需求之间交互作用的方法。

4．软件体系结构的建模研究

研究软件体系结构的一个主要问题是如何表示软件体系结构，即如何对软件体系结构建模。根据建模的侧重点的不同，可以将软件体系结构的模型分为五种：结构模型、框架模型、动态模型、过程模型和功能模型。在这五个模型中，最常用的是结构模型和动态模型。

（1）结构模型。以体系结构的组件、连接件和其他概念来刻画结构，并力图通过结构来反映系统的重要语义内容，包括系统的配置、约束、隐含的假设条件、风格、性质。研究结构模型的核心是体系结构描述语言。

（2）框架模型。类似于结构模型，但不太侧重描述结构的细节而更侧重于整体的结构。主要以一些特殊的问题为目标，建立只针对和适应该问题的结构。

（3）动态模型。研究系统的"大粒度"的行为性质。例如，描述系统的重新配置或演化。动态是指系统总体结构的配置、建立或拆除通信通道或计算的过程。

（4）过程模型。研究构造系统的步骤和过程。

（5）功能模型。认为体系结构是由一组功能组件按层次组成，下层向上层提供服务。可以看做是一种特殊的框架模型。

这五种模型各有所长，将五种模型有机地统一在一起，形成一个完整的模型来刻画软件体系结构更合适。

Kruchten 在 1995 年提出了一个 "4+1" 的视角模型，该模型由逻辑视图、开发视图、过程视图和物理视图组成，并通过场景将这四种视图有机地结合起来，比较细致地描述了需求和体系结构之间的关系。而 Booch 从 UML 的角度出发给出了一种由设计视图、过程视图、实现视图和部署视图，再加上一个用例视图构成的体系结构描述模型。IEEE 于 1995 年成立了体系结构工作组，综合了体系结构描述研究的成果，并参考业界的体系结构描述的实践，起草了体系结构描述标准 IEEE P1471。Rational 从资产复用的角度提出了体系结构描述的规格说明框架。

5. 软件体系结构描述语言等形式化工具

从软件体系结构研究的现状来看，当前的研究和对软件体系结构的描述，通常是用非形式化的图和文本，缺乏显式描述的、有独立性的形式化工具。不能描述系统期望的存在于组件之间的接口，不能描述不同的组成系统的组合关系的意义，难以被开发人员理解。

对体系结构设计的推理的形式化表示可以使体系结构级的设计更好地被理解、被实现。它的目的是对体系结构设计人员在实践过程中总结出来的一些设计的经验和方法加以总结、概括，从而形成一个形式化的描述，形成一定的理论基础（以代替当前不精确的研究）。已提出一些形式化机制，如过程代数、偏序集合、化学抽象机等。希望对系统的非功能特性如性能、可维护性等给出形式特征，同时给出软件体系结构的理论。

同时，用于描述和推理的形式化语言就称做体系结构描述语言（Architecture Description Language，ADL）。软件体系结构描述语言在底层语义模型的支持下，为软件系统的概念体系结构建模提供了具体的语法和概念框架。这些语言能够对体系结构连接器进行第一级抽象，同时还能描述模型的结构和内部组件之间的交互作用，并且还引入了一些新的系统分析模式。软件体系结构描述语言提供一种规范化的体系结构描述，可以增加软件体系结构设计的可理解性和复用性。使得系统开发者能够很好地描述体系结构，以便于交流，并用提供的工具对许多实例进行分析。

目前已经有近二十种软件体系结构描述语言，比较有影响力的有 C2、UniCon、MetaH、Aesop、SADL、Rapide、Wright 等。比较有代表性的是美国卡耐基梅隆大学（Carnegie Mellon University）的 Robert J. Allen 于 1997 年提出的 Wright 系统。Wright 基于一种形式化的、抽象的系统模型，为描述和分析软件体系结构和结构化方法提供了一种实用的工具。Wright 主要侧重于描述系统的软件组件和连接的结构、配置和方法。它使用显式的、独立的连接模型来作为交互的方式，这使得该系统可以用逻辑谓词符号系统，而不依赖特定的系统实例来描述系统的抽象行为。该系统还可以通过一组静态检查来判断系统结构规格说明的一致性和完整性。从这些特性的分析来说，Wright 系统适用于对大型系统的描述和分析。

6. 软件体系结构发现、演化与复用

对于一个已经存在但是不知道其体系结构的软件系统，可以通过体系结构发现来对其进行维护。体系结构发现就是从已经存在的软件系统中提取软件的体系结构，属于逆向工程范畴。

软件体系结构的变动，称为软件体系结构演化。变动的原因包括系统需求、技术、环境、分布等因素的变化。软件系统在运行时刻的体系结构变化称为体系结构的动态性，而将体系结构的静态修改称为体系结构扩展。

复用是软件工程领域所倡导的有效技术之一。软件体系结构反映了系统的主要组成元素及其交互关系，更适合于复用。体系结构级的复用会导致大批组件的复用，可以提高软件开发效率、

降低软件开发成本，对于提高软件质量也有很大作用。体系结构风格就是体系结构复用研究的一个成果，体系结构参考模型是特定域软件体系结构的复用的成熟的象征。

7．基于软件体系结构的软件开发方法

引入了软件体系结构后，软件系统的构造过程变为系统分析、软件体系结构、软件设计、软件实现、软件维护，软件体系结构架起了分析和设计之间的一座桥梁。

目前，常见的软件开发模型大致可分为三种类型：① 瀑布模型，软件需求完全确定。② 渐进式开发模型（如螺旋模型），软件开发初始阶段只能提供基本需求。③ 变换模型，以形式化开发方法为基础。

这三种类型的软件开发模型都是要解决需求与实现之间的差距，但都存在缺陷，不能很好地支持基于软件体系结构的开发过程。因此，需要研究基于软件体系结构的软件开发模型。目前，已经出现了基于组件的软件工程。

8．特定领域的软件体系结构

特定领域的软件体系结构（Domain Specific Software Architecture，DSSA）是一门以软件复用为核心，研究软件应用框架的获取、表示和应用等问题的软件方法学。特定领域的应用具有相似的特征，所以可以借鉴领域中已经成熟的软件体系结构。通过特定领域的软件体系结构，可以实现解决方法在某个领域内的复用。

常见的 DSSA 有：CASE 体系结构、CAD 软件的参考模型、信息系统的参考体系结构、网络体系结构 DSSA、机场信息系统的体系结构和信息处理 DSSA 等。国内学者提出的 DSSA 有：北京邮电大学周莹新博士提出的电信软件的体系结构，北京航空航天大学金茂忠教授等人提出的测试环境的体系结构等。

9．软件产品线体系结构

软件产品线代表一组具有公共的系统需求集的软件系统，是根据基本的用户需求对标准的软件产品线构架进行定制，将可复用组件与系统独有的部分集成而得到的。

软件产品线是适合专业的软件开发组织的软件开发方法，能有效地提高软件质量、缩短开发时间、降低总开发成本。采用软件生产线式模式进行软件生产，将产生巨型编程企业。

软件体系结构有利于形成完整的软件产品线。软件产品线的开发生产中，基于同一个软件体系结构可以创建具有不同功能的多个系统，在软件产品族之间也可以共享体系结构和一组可复用的组件。

10．对软件体系结构的专门知识的整理

这方面的工作主要是对软件工程师在软件开发实践中得来的各种体系结构的原则、模式的整理和分类。例如，对软件体系结构风格的分类和比较，对体系结构描述语言的综合分析等。目前来看，国内对软件体系结构的研究主要集中在对软件体系结构的专门知识的整理上。

2.4　软件体系结构风格

建筑风格指建筑设计中在内容和外貌方面所反映的特征，主要在于建筑的平面布局、形态构成、艺术处理和手法运用等方面所显示的独创和完美的意境。建筑风格因受不同时代的政治、社会、经济、建筑材料和建筑技术等的制约以及建筑设计思想、观点和艺术素养等的影响而有所不同，如图 2-1 所示。如外国建筑史中古希腊、古罗马有多立克、爱奥尼克和科林斯等代表性建筑风格；中古时代有哥特建筑的建筑风格；文艺复兴后期有运用矫揉奇异手法的巴洛克和纤巧烦琐的洛可可等建筑风格。我国古代宫殿建筑，其平面严谨对称，主次分明，砖墙木梁架结构，飞檐、斗栱、藻井和雕梁画栋等形成中国特有的建筑风格。

古罗马建筑一般以厚实的砖石墙、半圆形拱券、逐层挑出的门框装饰和交叉拱顶结构为主要特点。古希腊建筑的特点有平面构成为 1∶1.618 或 1∶2 的矩形，中央是厅堂、大殿，周围是柱子，可统称为环柱式建筑；柱式的定型；建筑的双面披坡屋顶形成了建筑前后的山花墙装饰的特定的手法；崇尚人体美与数的和谐；建筑与装饰均雕刻化。巴洛克建筑特点是外形自由，追求动态，喜好富丽的装饰和雕刻、强烈的色彩，常用穿插的曲面和椭圆形空间。哥特式教堂的结构体系由石头的骨架券和飞扶壁组成，内部空间高旷、单纯、统一。洛可可风格主要表现在室内装饰上，室内应用明快的色彩和纤巧的装饰，家具也非常精致而偏于烦琐。中国建筑体系是以木结构为特色的独立的建筑艺术，在城市规划、建筑组群、单体建筑以及材料、结构等方面的艺术处理均取得辉煌的成就；传统建筑中的各种屋顶造型、飞檐翼角、斗供彩画、朱柱金顶、内外装修门及园林景物等，充分体现出中国建筑艺术的纯熟和感染力。

图 2-1   建筑体系结构风格

在软件开发过程中，通常会考虑能否使用重复的体系结构模式，即能否达到体系结构级的软件复用。也就是说，能否在不同的软件系统中，使用同一体系结构。这就是软件体系结构的风格需要研究的问题。

软件体系结构风格（Software Architecture Style）是描述某一特定应用领域中系统组织方式的惯用模式（Idiomatic Paradigm）。软件体系机构风格定义了用于描述系统的术语表和一组指导构件系统的规则。术语表中包含一些构件和连接件类型，规则指出系统是如何将这些构件和连接件组合起来的。它反映了领域中众多系统所共有的结构和语义特性，并指导如何将各个模块和子系统有效地组织成一个完整的系统。

软件体系结构风格级的复用，可以使不同的系统可以共享同一个实现代码，一些经过实践证实的解决方案可以可靠地用于解决新的问题。

只要系统使用规范的方法来组织，就可以使别的设计者很容易地理解系统的体系结构。例如，如果把系统描述为 B/S 风格，那么不需要给出设计细节也会明白系统是如何组织和工作的。

第 3 章　经典软件体系结构风格

学习目标

- 理解经典软件体系结构风格的原理
- 掌握经典软件体系结构风格的实例

Garlan 和 Shaw 将通用软件体系结构风格总结为以下几类：数据流风格，包括批处理序列、管道/过滤器；调用/返回风格，包括主程序/子程序、面向对象风格、层次结构；独立构件风格，包括进程通信、事件系统；虚拟机风格，包括解释器、基于规则的系统；仓库风格，包括数据库系统、超文本系统、黑板系统。本章讲述其中几种经典的软件体系结构风格。

3.1　管道/过滤器风格

3.1.1　原理

在生产流水线上，原材料在流水线上经一道一道的工序，最后形成某种有用的产品。管道/过滤器和生产流水线类似，在管道/过滤器中，数据经过一个一个的过滤器，最后得到需要的数据。

在管道/过滤器（Pipe/Filter）风格的软件体系结构中，组件被称为过滤器，连接件就像是数据流传输的管道，将一个过滤器的输出传到另一过滤器的输入，如图 3-1 所示。

图 3-1　管道/过滤器风格示意图

管道负责数据的传递，它把原始数据传递给第一个过滤器，把一个过滤器的输出传递给下一个过滤器，作为下一个过滤器的输入，重复这个过程直到处理结束。要注意的是，管道只是对数据传输的抽象，它可能是管道，也可能是其他通信方式，甚至什么都没有（所有过滤器都在原始数据基础上进行处理）。

过滤器负责数据的处理，过滤器可以有多个，每个过滤器对数据做特定的处理，它们之间没有依赖关系，一个过滤器不必知道其他过滤器的存在。这种松耦合的设计，使得过滤器只需要实现单一的功能，从而降低了系统的复杂度，也使得过滤器之间依赖最小，从而以更加灵活的组合来实现新的功能。过滤器的结构如图 3-2 所示。

图 3-2　过滤器

每个组件（过滤器）都有一组输入和输出，从其输入端读取数据流，经过内部处理，在其输出端产生数据流，通常对输入流应用一种转换并增量地处理它们，以使输出在输入被完全处理完之前就能够开始。

管道/过滤器风格的重要特点是，一个过滤器必须完全独立于其他的过滤器（零耦合）——独立的实体。它不能与其他过滤器共享数据——在其上行和下行数据流接口分享状态、控制线程或标识，而且一个过滤器不知道它上游和下游的标识。

基于管道/过滤器风格软件体系结构的系统具有许多优点。

（1）组件具有良好的隐蔽性和高内聚、低耦合的特点。

（2）简单性。可以将整个系统的输入/输出行为看成是多个过滤器的行为的简单合成。

（3）可复用性。管道/过滤器风格支持复用，任何两个过滤器都能够被连接在一起，只要它们允许数据在它们之间传输。

（4）可扩展性/可进化性。系统维护和增强系统性能简单，新的过滤器能够被添加到现有的系统中；而旧的过滤器能够被改进后的过滤器所替代。

（5）可验证性。允许对一些如吞吐量、死锁等特定类型的属性进行专门分析。

（6）支持并行执行。每个过滤器作为一个单独的任务完成，可与其他任务并行执行。

但是，这样的系统也存在着若干不利因素。

（1）通常导致进程成为批处理的结构。这是因为虽然过滤器可增量式地处理数据，但它们是独立的，所以设计者必须将每个过滤器看成一个完整的从输入到输出的转换。

（2）不适合处理交互的应用。当需要增量地显示改变时，这个问题尤为严重。

（3）因为在数据传输上没有通用的标准，每个过滤器都增加了解析和合成数据的工作，这样就导致了系统性能下降，并增加了编写过滤器的复杂性。

管道/过滤器体系结构的典型例子是 UNIX shell 编写的程序。另外，传统的编译器一直被认为是一种管道系统，在该系统中，一个阶段（包括词法分析、语法分析、语义分析和代码生成）的输出是另一个阶段的输入。其他的例子包括信号处理系统、并行计算等。

3.1.2　实例

管道过滤器体系结构最著名的例子是 UNIX 的 shell 程序。UNIX 既提供一种符号，以连接各组成部分（UNIX 的进程），又提供某种进程运行时机制以实现管道。各个 UNIX 进程作为组件，管道在文件系统中创建。例如对于命令：

```
cat file | grep xyz | short !uniq > out
```

系统将先在文件中查找含有 xyz 的行，排序后，去掉相同的行，最后结果放到 out 中。

另外，DOS 中也有管道命令。DOS 允许在命令中出现用竖线字符"|"分开的多个命令，将符号"|"前面的命令的输出，作为"|"之后命令的输入，这就是"管道功能"，竖线字符"|"就是管道操作符。例如，命令"dir | more"使得当前目录列表在屏幕上逐屏显示。dir 输出的是整个目

录列表，它不出现在屏幕上而是由于符号"|"的规定，成为下一个命令 more 的输入，more 命令则将其输入逐屏地显示，成为命令行的输出。

3.2　数据抽象和面向对象风格

3.2.1　原理

在数据抽象和面向对象（Data-abstraction & Object-oriented）风格中，数据的表示方法和它们的相应操作封装在一个抽象数据类型或对象中。这种风格的组件是对象，或者说是抽象数据类型的实例。连接件通过过程调用（方法）来实现——对象是通过函数和过程的调用来交互的。这种风格适用于以相互关联的数据实体的标识和保护为中心问题的应用程序，如图 3-3 所示。

数据抽象和面向对象风格具有抽象、封装、继承、多态的特点。

（1）数据抽象把系统中需要处理的数据和这些数据上的操作结合在一起，根据功能、性质、作用等因素抽象成不同的抽象数据类型，每个抽象数据类型既包含了数据，也包含了针对这些数据的授权操作。

使用数据抽象方法，一方面可以去掉与问题核心无关的细枝末节，使开发工作可以集中在比较关键、主要的部分；另一方面，在数据抽象过程中对数据和操作的分析、辨别和定义可以帮助开发人员对整个问题有更加深入、准确的认识，最后抽象形成的抽象数据类型，则是进一步设计、编程的基础和依据。

图 3-3　数据抽象和面向对象风格

（2）封装（Encapsulation）是指对象具有信息隐藏特性。利用抽象数据类型将数据和基于数据的操作结合在一起，数据被保护在抽象数据类型的内部，系统的其他部分只有通过包裹在数据外面的被授权的操作，才能够与数据交流。

在面向对象程序设计中，对象负责维持本身的内部变量及其内部结构对其他对象不可见，对它的所有访问都是通过方法调用完成的。这有利于对它进行修改。

由于封装特性把类内的数据保护得很严密，类与类间仅通过严格控制的界面进行交互，使它们之间耦合和交叉大大减少，从而降低了开发过程的复杂性，提高了效率和质量，减少了可能的错误，同时也保证了程序中数据的完整性和安全性。

封装特性还有另一个重要意义，就是使抽象数据类型，即类的可复用性大为提高。封装使得抽象数据类型对内成为一个结构完整、高度集中的整体；对外则是一个功能明确、接口单一、在各种合适的环境下都能独立工作的有机的单元。这样的有机单元特别有利于构建、开发大型标准化的应用软件系统，可以大幅度地提高生产效率，缩短开发周期和降低各种费用。一个类如果设计合理的话，可以应用于多个应用程序。

（3）继承（Inheritance）实际上是存在于面向对象程序的两个类之间的一种关系。当一个类拥有另一个类的数据和操作时，就称这两个类之间具有继承关系。被继承的类称为父类或超类，继承了父类或超类数据和操作的类称为子类。类的继承也称类的派生，子类是由父类派生出来的。一个父类可以同时拥有多个子类，这时这个父类实际上是所有子类的公共特征。而每一个子类则是父类的特殊化，它具有前者的状态和行为，还可以有自己新的状态和行为，它是在公共特征基础上的功能、内涵的扩展和延伸。子类还可派生出新的子类，这样就形成了类的层次关系。继承性的引入，为描述现实世界中的层次关系提供了强有力的工具。

在面向对象程序设计中，使用继承的主要优点是使得程序结构清晰，降低编程和维护的工作量。可以通过派生类来清晰地表达各种类型之间的内在联系，并实现代码的复用，避免不必要的重复设计。对于多个类来说，它们有共同特征，又有自己的特殊特征。如果不使用继承，则共同特征需要描述多遍；如果使用继承，则共同特征由它们的共同父类描述一遍即可。

综上所述，采用继承的机制来组织、设计系统中的类，可以提高程序的抽象程度，使之更接近于人类的思维方式，同时也可以提高程序开发效率，降低维护的工作量。

（4）多态（Polymorphism）是指不同类型的对象可以对相同的激励适当做出不同响应。

在面向对象程序设计中，多态是指一个程序中同名的不同方法共存的情况。可以通过子类对父类方法的覆盖实现多态，也可以利用重载在同一个类中定义多个同名的不同方法。多态可以大大提高程序的抽象程度和简洁性。更重要的，它最大限度地降低了类和程序模块之间的耦合性，使得它们不需了解对方的具体细节，就可以很好地共同工作。

基于数据抽象和面向对象风格软件体系结构的系统有许多的优点：

（1）对象对其他对象隐藏实现细节，可以修改一个对象，而不影响其他的对象。

（2）对子程序和数据的包装，使得设计者可将一些数据存取操作的问题分解，把系统转化成为一些交互的代理程序的集合。

但是，基于数据抽象和面向对象风格软件体系结构的系统也有缺点：

（1）过程调用依赖于对象标识的确定。与管道过滤器风格的系统不同，为了使一个对象和另一个对象通过过程调用等进行交互，必须知道对象的标识。只要一个对象的标识改变了，就必须修改所有其他明确调用它的对象。这样就无形之中增强了对象之间的依赖关系。

（2）不同对象的操作关联性弱。在两个对象同时访问一个对象时，可能会引起副作用。例如，如果 A 使用了对象 C，B 也使用了对象 C，那么，B 对 C 的使用所造成的对 A 的影响是难以预料的。

3.2.2 实例

有一个已知的二维坐标系，在坐标系中定义了若干种规则的图形：圆、正方形、矩形和椭圆。设计程序求出各种图形的面积。

假设使用结构化方法，例如使用传统的 C 语言进行程序设计，就完全没有数据封装的概念。一般情况下，可用四个结构体存储各种图形的数据。只要有圆心坐标和半径就可以完全确定一个圆；正方形也只需要中心坐标和边长；矩形则需要四个参数：中心的 x、y 坐标，长和宽；椭圆也需要四个参数：中心的 x、y 坐标，长轴和短轴。设计程序时要首先定义这几个结构体，然后再定义相应的函数求各种图形的面积。

由于没有采用数据封装的概念，主程序 main()可以任意访问各结构体变量的成员，因此大大增加了出错的可能性。

下面，考虑使用 Java 语言进行面向对象的程序设计的思路：

（1）首先考虑数据封装性。可定义四个类 MySquare、MyCircle、MyRectangle、MyEllipse，分别将正方形、圆、矩形、椭圆的数据（中心点坐标、长、宽、半径、长轴、短轴等）和对数据的操作(用 ChangX 方法表示中心点横坐标的改变，用 ChangY 方法表示中心点纵坐标的改变、用 area 方法计算面积等）封装起来。这样，外界只能通过类提供的接口向类发送消息，对数据成员进行处理，而类内部是不可见的，从而大大降低了程序的出错概率。在此基础上，再定义一个类 Area，在此类中，通过上述四个类实例化对象并求得最后结果。

（2）通过上述思想写出的代码可能会很长，其中会含有许多重复的代码，例如，四个类的 ChangX 方法和 ChangY 方法是完全一样的。考虑到 Java 中的继承性，类 MySquare、MyCircle、MyRectangle、MyEllipse 都是平面图形，都有中心坐标和面积，因此可以定义一个 Graph 类，以上四个类都从 Graph 类派生。在公共父类 Graph 中定义各种规则图形所具有的共同属性和基本操作，而后使用继承机制使各种规则图形都具有这些性质，并在此基础上使用各自的 area 方法完成面积的计算。因此，程序代码将变得更加简洁清晰。

（3）这个程序还存在着一个问题。显然，面积 area 应该是各种图形的共有属性，也就是说，在父类 Graph 中，应该具有这个操作。但是，由于各种图形面积的计算方式不同，在父类中无法实现该方法。因此，可将父类 Graph 定义成一个抽象类，并将 area()方法定义成一个抽象方法。以上给出了这个程序设计的整体思路，具体程序代码如下。

```
abstract class Graph{
  protected double x,y;              // x,y是规则图形的中心点坐标
  public Graph(double x,double y){   // 构造函数初始化中心点坐标
      this.x=x;
      this.y=y;
  }
  protected void changeX(double x){   // 修改横坐标
      this.x=x;
  }
  protected void changeY(double y){   // 修改纵坐标
      this.y=y;
  }
  public abstract double area();      // 计算面积的抽象方法
}

class MySquare extends Graph{
  private double length;
  public MySquare(double x,double y,double length){
      super(x,y);
      this.length=length;
  }
  protected void changLength(double length){   // 修改边长 length
      this.length=length;
  }
  public double area(){
      return length*length;
  }
}

class MyCircle extends Graph{
  private double radius;
  public MyCircle(double x,double y,double radius){
      super(x,y);
      this.radius=radius;
  }
}
```

```java
    protected void changRadius(double radius){    // 修改半径 radius
        this.radius=radius;
    }
    public double area(){
        return 3.1416*radius*radius;
    }
}

class MyRectangle extends Graph{
    private double a,b;
    public MyRectangle(double x,double y,double a,double b){
        super(x,y);
        this.a=a;
        this.b=b;
    }
    protected void changLength(double length){    // 修改长 length
        a=length;
    }
    protected void changWidth(double width){    // 修改宽 width
        b=width;
    }
    public double area(){
        return a*b;
    }
}

class MyEllipse extends Graph{
    private double a,b;
    public MyEllipse (double x,double y,double a,double b){
        super(x,y);
        this.a=a;
        this.b=b;
    }
    protected void changA(double a){    // 修改长轴 a
        this.a=a;
    }
    protected void changB(double b){    // 修改短轴 b
        this.b=b;
    }
    public double area(){
        return 3.1416*a*b;
    }
}

public class Area{
    public static void main (String arg[]){
        MyCircle c=new MyCircle(1,1,3);
        MySquare s=new MySquare(2,2,4);
        MyRectangle r=new MyRectangle(12,9,1,2);
        MyEllipse e=new MyEllipse(2,-1,3,2);
```

```
System.out.println("圆 c 的面积是"+c.area());
System.out.println("正方形 s 的面积是"+s.area());
System.out.println("矩形 r 的面积是"+r.area());
System.out.println("椭圆 e 的面积是"+e.area());
    }
}
```

该程序的运行结果为：

圆 c 的面积是 28.2744

正方形 s 的面积是 16.0

矩形 r 的面积是 2.0

椭圆 e 的面积是 18.8496

3.3　基于事件的隐式调用风格

3.3.1　原理

基于事件（Event-based）的风格又被称为隐式调用（Implicit Invocation）的风格。在此类风格的系统结构中，组件并不直接调用一个过程，而是触发、声明或广播一个或多个事件。系统中的其他组件中的过程在一个或多个事件中注册，当一个事件被触发（发生）时，系统自动调用在这个事件中注册的所有过程。这样，一个事件的触发就隐含地导致了另一模块中的过程的调用。这样，事件声明或广播实际上就起到了"隐式调用"的作用。

基于事件的隐式调用风格的主要特点是事件的触发者并不知道哪些组件会被这些事件影响。这样不能假定组件的处理顺序，甚至不知道哪些过程会被调用，因此，许多隐式调用的系统也包含显式调用作为组件交互的补充形式。

基于事件的体系结构中，组件是一些模块，这些模块的接口既可以提供一个过程的集合，也可以提供一个事件的集合。这些过程既可以用一般的方式调用，也可能被注册为与某些事件相关（在系统事件中注册一些过程，当发生这些事件时，过程被调用）。组件可以声明或广播一个或多个事件，或者向系统注册，来表明它希望响应一个或多个事件。连接件则有两种类型：对事件的显式或隐式调用。

基于事件的隐式调用风格适用于涉及低耦合组件集合的应用程序，其中的每个组件完成一定的操作，并可能触发其他组件的操作。它对于必须动态重配置的应用程序尤其有用，因为在这种风格的体系结构中服务提供者易于修改，也易于使用或禁止某些功能。

基于事件的隐式调用风格软件体系结构的系统的主要优点有：

（1）隐式调用有助于软件复用，因为它允许任何组件注册其相关事件。当需要将一个组件加入现有系统中时，只需将它注册到系统的事件中。为软件复用提供了强大的支持。

（2）系统的演化、升级变得简单，为改进系统带来了方便。可以在不影响其余组件的情况下替换某个组件。当用一个组件代替另一个组件时，不会影响到其他组件的接口。

（3）事件广播者不必知道哪些组件会被事件影响，组件之间关系较弱。

基于事件的隐式调用风格软件体系结构的系统的主要缺点有：

（1）组件放弃了对系统进行的计算的控制。一个组件触发一个事件时，不能确定其他组件是否会响应它，也不能得知事件被处理的先后顺序。而且即使它知道事件由哪些组件构成，它也不能保证这些过程被调用的顺序。

（2）数据交换的问题。有时数据可被一个事件传递，但另一些情况下，基于事件的系统必须依靠一个共享的仓库进行交互。在这些情况下，全局性能和资源管理便成了问题。在有共享数据存储库的系统中，资源管理器的性能和准确度成为十分关键的因素。

（3）声明或广播某个事件的过程含义（语义）依赖于它被调用时（被触发事件）的上下文约束，所以很难对系统的正确性进行推理。

支持基于事件的隐式调用的应用系统有很多。此风格的体系结构最早出现在守护进程、约束满足性检查和包交换网络等方面的应用程序中。它常常被用于如下领域：在程序设计（编程）环境中用于集成各种工具；在数据库管理系统中用于检查数据库的一致性约束条件，确保数据的一致性约束；在用户界面系统中管理数据，分离数据和表示；在编辑器中支持语法检查，如在某系统中，编辑器和变量监视器可登记相应 Debugger 的断点事件；当 Debugger 在断点处停下时，它声明该事件，由系统自动调用处理程序，如编辑程序可以卷屏到断点，变量监视器刷新变量数值；而 Debugger 本身只声明事件，并不关心哪些过程会启动，也不关心这些过程做什么处理。

3.3.2　实例

1. 基于 AWT 的 Java 图形用户界面事件处理

用户在图形用户界面中输入命令，可通过鼠标对特定图形界面元素单击、双击、拖动等来实现，也可通过键盘操作来完成。为了能够接收用户的命令，图形用户界面的系统首先应该能够识别这些鼠标和键盘的操作并做出相应的处理。

通常每一个键盘或鼠标操作会引发一个系统预先定义好的事件。所谓事件就是发生在图形用户界面上的由用户交互行为所产生的一种效果。Java 中，事件也被看做为类，从而构成所谓 AWT 事件类库（AWTEvent 包）。所以，说到某个事件时，实际上是说 AWTEvent 中某个事件类的实例或对象。

为了处理事件，需要编制代码指出每个特定事件发生时程序应做出何种响应。这些代码会在它们对应的事件发生时由系统自动调用，完成已确定的功能。这些就是图形用户界面中事件和事件响应的基本原理。

Java 中除了键盘和鼠标操作以外，系统的状态改变、对标准图形界面元素的操作等都可以引发事件，对这些事件分别定义处理代码，就可以保证应用程序系统在不同的状况下都能合理有效、有条不紊地正常工作。

1）事件处理机制

Java 的事件处理机制中引入了委托事件模型（Delegation Event Model），如图 3-4 所示。

图形用户界面的每个可能产生事件的组件被称为事件源，不同事件源上发生的事件的种类不同。例如，按钮对象作为事件源，将引发所谓动作事件（由 ActionEvent 类代表）。窗口对象作为事件源，将引发窗口事件（由 WindowEvent 类代表）等。

不同的事件由不同的监听器处理。所谓监听器是指能够处理该事件源上所发生的事件的对象，该对象总是继承了某个监听器接口。

希望事件源上发生的事件被程序处理，必须事先把某个监听器注册给该事件源。这样，一旦事件源上发生监听器可以处理的事件时，事件源立即把这个事件作为实际参数传递给监听器中负责处理这类事件的方法（委托），这个方法被系统自动调用执行后，事件就得到了处理。在图 3-4 中以按钮对象及其动作事件为例加以说明。

图 3-4　委托事件模型

对照下面实际的程序结构，可以更容易理解委托事件模型。

```
class MyFrame extends Frame implements ActionListener{
    //声明窗口类 MyFrame 并实现动作事件的监听器接口
    ……
    Button btn;//定义按钮对象为 btn
    ……
    void CreateWindow (){//自定义方法
        ……
        btn.addActionListener(this);//将监听器（窗体对象本身）注册给按钮对象 btn
        ……
    }
    ……
    public void actionPerformed(ActionEvent e){//接口 ActionListener 的事件处理方法
        ……// 事件处理代码
    }
}
```

首先由于知道按钮单击时将会引发动作事件（ActionEvent），所以在程序开始处声明窗口类（MyFrame）的同时也继承了动作事件的监听器接口 ActionListener（动作事件是由它的监听器接口 ActionListener 负责处理）。

第二，必须先对监听器接口进行注册才能响应事件，所以将监听器 this（即窗体对象本身）注册给了按钮对象 btn。

最后还应该实现监听器接口（ActionListener）的事件处理方法 actionPerformed()，以便当在按钮上发生动作事件时，能够自动调用该方法进行处理。

2）事件对象和监听器接口

在 Java 中事件表现为类，Java 的所有事件类和处理事件的监听器接口都定义在 java.awt. event 包中，其中事件类的层次结构如图 3-5 所示。

这个体系结构图中包括的事件类很多，它们都是 AWTEvent 类的子类，而 AWTEvent 类则是 EventObject 类的子类，EventObject 直接继承了 Object。

需要注意的是，并非每个事件类都只对应一个事件，例如窗口事件类（WindowEvent 类）就包含了七个具体的事件（使用中系统会根据情况分别调用相应的方法加以处理）。

java.awt.event 包中还定义了 11 个监听器接口，每个接口内包含了若干处理相关事件的抽象方法。一般说来，每个事件类都有一个监听器接口与之对应，而事件类中的每个具体事件都有一个抽象方法与之相对应，当具体事件发生时，这个事件将被封装成一个事件类的对象作为实际参数传递给与之对应的具体方法，由这个具体方法负责响应并处理发生的事件。

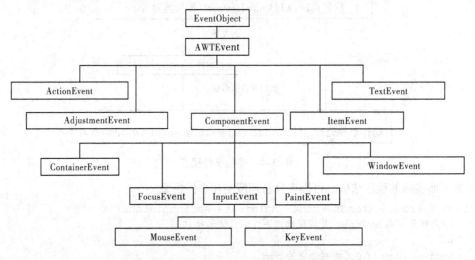

图 3-5　AWTEvent 类体系结构图

例如，与 ActionEvent 类（动作事件类）对应的监听器接口是 ActionListener，这个接口只定义了一个抽象方法即 public void actionPerformed(ActionEvent e)。凡是要处理 ActionEvent 事件的类都必须实现 ActionListener 接口，这样就必须实现该接口的 actionPerformed()方法，并在其方法体中设计相应的处理该事件的代码。再如与 WindowEvent 类（窗口事件类）相对应的监听器接口是 WindowListener，该接口定义了七个抽象方法，分别对应窗口激活、窗口打开、窗口关闭等具体的窗口事件。

监听器对象可以是包容事件源的容器，也可以是另外的对象。使用监听器应该注意两个问题，第一必须事先将监听器对象注册给事件源，才能使该监听器响应事件。具体的注册方法是通过调用事件源本身的相关方法并以监听器对象作为实际参数来实现的。下面的句子就是将一个监听器对象（this）注册给一个按钮（Button）对象 btn，这里 btn 相当于事件源。

```
btn.addActionListener(this);
```

第二，由于接口中的方法都是抽象方法，所以监听器对象需要重载它的所有抽象方法并写出具体的方法体，对应事件源上所发生事件的处理代码就写在这些方法体里。例如对按钮 Button 上发生的事件的处理代码应该写在其监听器的 actionPerformed()方法中，这个方法是对 ActionListener 接口中同名抽象方法的具体实现。

关于事件对象及其监听器的使用方法，以按钮与动作事件为例加以介绍。

3）常用控制组件的事件——按钮与动作事件（ActionEvent）

按钮可以引发所谓动作事件（ActionEvent）。例如当用户单击一个按钮时就引发了一个动作事件。为了响应该动作事件，程序必须把实现了 ActionListener 接口的监听器注册给该按钮。同时，为这个接口的 actionPerformed(ActionEvent e)方法书写方法内容。参见下例，程序运行结果如图 3-6 所示。

图 3-6 按钮与动作事件运行结果

```
import java.awt.*;
import java.awt.event.*;                //引入 java.awt.event 包处理事件
class BtnLabelAction extends Frame implements ActionListener{
    //声明窗口类（BtnLabelAction）并实现动作事件接口（ActionListener）
    Label prompt;
    Button btn;
    void CreateWindow(){                  //自定义方法
        setTitle("MyButton");
        prompt = new Label("你好");      //创建标签对象
        btn = new Button("操作");        //创建按钮对象
        setLayout(new FlowLayout());     //布局设计，用于安排按钮、标签的位置
        add(prompt);                      //将标签放入容器
        add(btn);                         //将按钮放入容器
        btn.addActionListener(this);     //将监听器（窗体对象本身）注册给按钮对象
        setSize(300,100);
        setVisible(true);
    }
    public void actionPerformed(ActionEvent e){ //接口 ActionListener 的事件处理方法
        if(e.getSource()==btn)            // 判断动作事件是否是由按钮 btn 引发的
            if(prompt.getText()=="你好")
                prompt.setText("再见");
            else
                prompt.setText("你好");
    }
}
public class BtnTest{
    public static void main (String args[]){
        BtnLabelAction bla=new BtnLabelAction();
        bla.CreateWindow();
    }
}
```

本例是委托事件模型的完整体现。在声明窗口类的同时实现了动作事件监听器接口 ActionListener，以便响应可能由按钮引发的动作事件。在创建了按钮对象 btn 后将监听器（窗体对象本身）注册给了该按钮对象。最后实现了动作事件监听器接口的 actionPerformed() 方法，用于处理由按钮引发的动作事件。

该方法为动作事件监听器接口的唯一方法，其格式如下：

```
public void actionPerformed(ActionEvent e)
```

当发生动作事件（ActionEvent）时被调用，参数 e 为动作事件对象。

可以看出，上例 actionPerformed() 方法体的程序功能是使得按钮相当于一个切换开关，每次当单击按钮时，如果标签显示"你好"，就换成"再见"，否则显示"你好"。可以运行该程序，看看是否能够完成这一功能。

注意到在该方法体中，先调用了一个 getSource()方法来获取事件源对象，并据此判断该动作事件是否是由按钮引发的。事实上，getSource()方法是属于 EventObject 类的一个方法，这意味着所有的事件类都可以调用该方法。其格式如下：

```
public Object getSource()
```

需要强调的是，能够引起动作事件的事件源有多种，它们是：① 单击按钮；② 双击一个列表中的选项；③ 选择菜单项；④ 在文本框中按【Enter】键。上例只是其中的一种。当使用多个组件时，为了判断究竟是由哪个事件源引发的动作事件，使用 getSource()方法就十分必要了。

2．基于 JFC/Swing 的 Java 图形用户界面事件处理

1）Swing 的事件处理

Swing 仍然采用委托（授权）事件处理模型。在这个模型中，事件由事件源产生，要处理事件必须先在事件源上注册相应的事件监听器（Listener）。一旦事件发生，事件源将通知被注册的事件监听器，委托事件监听器处理该事件。一个事件监听器是一个实现某种 Listener 接口的对象。每个事件都有相应的 Listener 接口，在实现 Listener 接口的类中定义了可以接收处理事件对象的各个方法。这种委托事件处理模型具有相当的灵活性和很强的事件处理能力，使得任何数量的事件监听器能监听来自任意多个事件源对象的各个种类的事件。例如，一个程序可以为每个事件源设置一个监听器，也可以用一个监听器处理所有事件源产生的所有事件，甚至可以为一个事件源产生的一种事件设置多个监听器，等等。

Swing 组件不仅能产生 AWT 事件包（java.awt.event）中的事件，而且还有自己的事件包（javax.swing.event），包括事件和监听器接口，用于处理 Swing 特有的事件。

由于每个事件都有对应的监听器接口，Swing 组件产生的事件也有其对应的监听器。需要注意的是，在 Swing 事件包中除 InternalFrameListener 和 MouseInputListener 有相应的适配器类外，其他接口都没有相应的适配器类（MouseInputListener 是 AWT 中 MouseListener 和 MouseMotionListener 的组合）。

2）Swing 应用举例——创建图标按钮

相对于 Button 类，JButton 类新增了很多非常实用的功能。例如，在 Swing 按钮上显示图标，在不同状态使用不同的 Swing 按钮图标，为 Swing 按钮加入提示信息等。JButton 对象除了可以像 Button 对象一样拥有文本标签之外，还可以拥有一个图标。这个图标可以是用户自己绘制的图形，也可以是已经存在的.gif 格式图像。参见下例，程序运行结果如图 3-7 所示。

```java
import java.awt.*;
import java.awt.event.*;
import javax.swing.*;
class TestIconButton extends Frame implements ActionListener{
    JButton jbtn;
    Label prompt;
    void CreateWindow(){  //自定义方法
        setTitle("MyIconButton");
        Icon icon=new ImageIcon("swing.small.gif");  //创建一个图标Icon
        jbtn=new JButton("Button",icon);//将图标加入到JButton对象jbtn中
        add(jbtn,BorderLayout.NORTH);     //将JButton对象jbtn加入到窗口中
        jbtn.addActionListener(this);
        prompt=new Label("          ");
        setLayout(new FlowLayout());
```

```
        add(prompt);
        addWindowListener(new closeWin());
        setSize(200,130);
        show();
    }
    public void actionPerformed(ActionEvent e){
        prompt.setText("Clicked");
    }
  }
  public class JBtnTest{
   public static void main(String args[]){
        TestIconButton tib=new TestIconButton();
        tib.CreateWindow();
    }
  }
```

　　//以下声明一个类 closeWin，用来关闭窗口
　　class closeWin extends WindowAdapter{ //由 WindowListener 接口的适配器类派生
　　　　public void windowClosing(WindowEvent e){ //覆盖该适配器类的关闭窗口方法
　　　　Frame frm = (Frame)(e.getSource());　　　　//获取被关闭窗口的对象
　　　　frm.dispose();　　　　　　　　　　　　　　//关闭窗口
　　　　System.exit(0);　　　　　　　　　　　　　//退出系统
　　　}
　　}

　　这里没有使用窗口事件的监听器接口 WindowListener，而是直接声明了一个类 closeWin，closeWin 由 WindowListener 接口的适配器类（WindowAdapter）派生，从而只需覆盖一个关闭窗口的方法 windowClosing()即可，十分方便。

图 3-7　Swing 按钮运行结果

　　例中的这个 Swing 按钮同时拥有一个字符标签 Button 和图标 swing.small.gif。所以，首先应查找到一个文件名为 swing.small.gif 的图形文件，并将其复制到与该程序相同的路径中，然后执行该程序。从程序中可以看出，JButton 事件响应与 Button 完全相同。

3.4　层　次　风　格

3.4.1　原理

　　一个层次风格的系统按照层次结构组织，每一层为上层服务，并作为下层的客户。图 3-8 所示为层次系统风格的示意图。

　　在一些层次风格的系统中，内部的层只对相邻的层可见。交互只在相邻的层次间发生，同时这些交互按照一定协议进行。拓扑约束包括把交互限制在邻接层次之间，连接件用层次间的交互协议来定义。

　　某些特殊化的层次风格体系结构允许非相邻层次间的直接通信，这往往是出于效率方面的原因而做出的改变。

图 3-8　层次系统风格

　　基于层次风格软件体系结构的系统的优点：

　　（1）支持基于抽象程度递增的系统设计，一个复杂问题的求解可以被分解为一系列递增的步骤。

（2）良好的可扩展性。因为每一层只能和相邻的上下层交互，功能的改变最多影响相邻的上下层，所以系统易于改进和扩大。

（3）每一层的软件都支持复用。每一层可以定义一组对外的标准接口，而同一层内允许各种不同的实现方法。只要提供的服务接口定义不变，同一层的不同实现可以交换使用。

但是，基于层次风格软件体系结构的系统也有其不足之处：

（1）系统的分层存在效率的问题。并不是每个系统都可以分层，即使一个系统的逻辑结构是层次化的，出于对系统性能的考虑，也只能把一些低级或高级的功能综合起来。

（2）如何界定层次间的划分是一个较为复杂的问题，很难找到一个合适的、正确的层次抽象方法。

层次风格常用于通信协议。最著名的层次风格的软件体系结构的例子是 OSI–ISO（Open Systems International Standands Organization）的分层通信模型；其他的典型例子还包括操作系统、数据库系统等。

3.4.2 实例

层次风格最广泛的应用是分层通信协议。在这一应用领域中，每一层提供一个抽象的功能，作为上层通信的基础。较低的层次定义低层的交互，最低层通常只定义硬件物理连接。

计算机网络中的数据传送过程需要经过许多环节，而每一个环节都是用一个或几个专门的功能层次来完成。于是，计算机网络中的各个部分按其功能划分为若干个层次（Layer），每一个层次都可以看成是一个相对独立的封闭系统。网络中每一层都建立在其上一层的基础之上，它只能从其上一层接收数据，它也只需要负责为下一层提供必要的服务功能。

用户只关心每一层的外部特性，只需要定义每一层的输入、数据处理和输出等外部特性，即只定义每一层需要从上一层接收哪些数据，需要对数据进行什么样的加工，以及需要将哪些数据输出给下一层等。

用户不用去关心每一层之中的具体细节。每一层都起到隔离作用，当某一层中的具体细节发生变化时，不会影响到其他层所执行的功能。

1. ISO/OSI 参考模型

ISO/OSI 采用了七层体系结构，从高到低分别是：应用层、表示层、会话层、传输层、网络层、数据链路层和物理层，如图 3-9 所示。

层与层之间的联系是通过各层之间的接口来实现的，上层通过接口向下层提出服务请求，而下层通过接口向上层提供服务。两台计算机通过网络进行通信时，只有两物理层之间能够通过媒体进行真正的数据通信，其余各对等层之间均不存在直接的通信关系，其只能通过各对等层的协议来进行虚拟通信。

2. ISO/OSI 各层功能

以汽车货运为例，第一至第三层的三个层次相当于由汽车货运公司负责的货物运输过程中的具体细节、具体操作方式；第四层相当于汽车货运公司与用户之间的接口；第五至第七层的三个层次相当于用户将货物交给汽车货运公司需要做的准备工作。

第一层是物理层（Physical Layer）。负责在物理信道传输原始数据的 bit 流，用于连接物理传输介质实现真正的数据通信。类似于汽车负责将货物（类似于 bits）运到某地。在这一层，数据还没有被组织，仅作为原始的位流或电气电压处理，单位是比特。但具体的物理媒体，如双绞线、同轴电缆等，并不在 OSI 的七层之内，有人把物理媒体当做第零层。

第二层是数据链路层（Data Link Layer）。主要功能是纠错和流量控制。在这一层，比特流被组织成数据链路协议数据单元（通常称为帧）。帧中包含一定数量的数据和地址、控制及校验码等信息。数据链路层在物理层的基础上，建立相邻结点之间的数据链路，在可能出现差错的物理线路中实现无差错的数据传送，并进行数据流量控制。类似于汽车货运公司的货运管理和质量监督部门，在可能出问题的运输路线中保质保量地完成运输任务。

第三层是网络层（Network Layer）。主要功能是路由控制（找路）、拥塞控制和数据打包。网络层将数据链路层提供的帧封装成网络协议数据单元（分组），并以分组为数据单位进行传输。网络层为上一层传输层的数据传输建立、维护和终止网络连接，把上层传来的数据分割成多个数据包（Packet，也叫报文分组）在结点之间进行交换传送；并负责路由控制和拥塞控制。类似于汽车货运公司将用户发送的货物分开打包；并在公路网络中找出一条从发货地到收货地的线路（即找路），在找路时考虑能否到达、拥塞状况、安全可靠性、交通费用等多方面的因素。

图 3-9　ISO/OSI 网络七层体系结构

第四层是传输层（Transtport Layer）。这是上层和下层之间的一个接口，信息的传送单位是报文。为上层提供端到端（最终用户到最终用户）的、透明的、可靠的数据传输服务。所谓透明的传输是指在通信过程中，上层可以将下面各层看做是一个封闭的黑箱系统，传输层对上层屏蔽了传输系统的具体细节。类似于汽车货运公司与用户之间的接口——汽车货运公司在各个地方设置的业务接洽处，它负责在用户和汽车货运公司之间建立一个货物交接的桥梁，用户不用管汽车货运公司用什么样的方式将货物运送到目的地——业务接洽处对用户屏蔽了货物运输中的具体细节。

第五层是会话层（Session Layer）。负责收发数据的交接工作，并组织和管理数据，信息的传送单位是报文。它为表示层提供建立、维护和结束会话连接的功能并提供会话管理服务。类似于用户所在公司的货物收发室，负责与汽车货运公司打交道，完成用户货物收发的交接工作，并组织管理用户所在公司内部要收发的货物。

第六层是表示层（Presentation Layer）。为数据提供收发、存放的具体格式和规范，为应用层提供表示信息方式的服务（数据格式的变换、文本压缩、加密等）。类似于用户所在公司的货物收发员，负责与用户（要收发货物的人）交流。在收集要发送的货物时，告诉用户怎样填写发货资料，在向用户发放货物时告诉用户办理哪些具体手续等。

第七层是应用层（Application Layer）。为数据提供各种可行的收发方式，为网络用户或应用程序提供各种应用服务（文件传输、电子邮件、分布式数据库、网络管理等）。类似于用户发货物时，必须遵循用户所在公司内部的有关规定，只能使用用户所在公司允许的方式收发货物。从另一方面来说，用户所在公司也提供各种收发方式，并让用户知道这些方式。

从数据处理分工的角度看，第一、二层解决有关网络信道问题，第三、四层解决传输服务问题；第五、六、七层则处理对应用进程的访问。

从数据传输控制的角度看，一、二、三层是传输控制组，负责通信子网的工作，解决网络中的通信问题；五、六、七层为应用控制组，负责有关资源子网的工作，解决应用进程之间的信息转换问题；四层为通信子网和资源子网的接口，起到连接传输和应用的作用。这与上面货物运输例子相吻合。其中，传输控制组相当于由运输公司负责的货物运输过程中的具体细节和操作方式，应用控制组相当于由用户公司负责的货物交去运输所需要做的准备工作，接口相当于运输公司与用户之间的接口——运输公司在各个地方设置的业务接洽处。

3.5 仓库风格

3.5.1 原理

在仓库风格中，有两种不同的组件：一个是中央数据结构，它说明当前状态。另一个是独立组件的集合，它对中央数据结构进行操作。

根据系统中数据和状态的控制方法的不同，可以分为两种类型。一种类型是传统的数据库体系结构，它是由输入事务选择进行何种处理，并把执行结果作为当前状态存储到中央数据结构中。另一种类型是黑板（Blackboard）体系结构，它是由中央数据结构的当前状态决定进行何种处理，如图 3-10 所示。

图 3-10　黑板系统

黑板体系结构是仓库体系结构的特殊化。它反映的是一种信息共享的系统——如同教室里的黑板一样，有多个人读也有多个人写。

黑板系统通常由三部分组成：

（1）知识源（Knowledge Sources，KSs）。软件专家模块，每个知识源提供应用程序所需要的具体的专家知识。知识源之间不直接进行通信，只通过黑板来完成它们之间的交互。

（2）黑板数据结构。一个共享知识库，包含了问题、部分解决方案、建议和已经贡献的信息。按照与应用程序相关的层次来组织的解决问题的数据。黑板可以被认为是一个动态的"库"，知识源通过不断地改变黑板数据来解决问题。

（3）控制机制（Control Shell）。知识源需要控制机制来保证以一种最有效和连贯的方式来工作，正如人类专家需要有一个主持人来防止他们乱抢粉笔。控制完全由黑板的状态驱动，黑板状态的改变决定使用的特定知识。

黑板系统的传统应用是信号处理领域，如语音和模式识别；另一应用是松散耦合的组件访问共享数据的应用程序。

3.5.2　实例

专家系统就是一个仓库风格的应用。专家系统（Expert System，ES）是人工智能应用最为成熟的一个领域，知识库是专家系统的基础。专家系统的研究开创了一门新学科——知识工程，其关键问题是知识获取、知识表示和知识推理三个方面。

专家系统实质就是一组程序，从功能上可定义为"一个在某领域具有专家水平解题能力的程序系统"，能像领域专家一样工作，运用专家积累的工作经验与专门知识，在较短时间内对问题得出高水平的解答。从结构上讲，可定义为"由一个专门领域的知识库，以及一个能获取和运用知识的机构构成的解题程序系统"。

专家系统把某一领域内专家的知识和人们长期总结出来的经验方法输入其中，模仿人类专家的思维规律和处理模式，按照一定的推理机制和控制策略，利用计算机进行演绎和推理，使专家的经验变为共享资源，从而可以克服专家严重短缺的现象。

专家系统的核心内容是知识库和推理机制，主要组成部分是：人机接口用户界面、知识获取程序、知识库、推理机、数据库及其管理系统和解释程序。其结构如图 3-11 所示。

知识库是专家系统的基础，专家系统的通信主要是在推理机控制下对知识库的操作。在依靠知识进行推理的过程中，有可能需要专家进行实时的控制，对知识库进行修正和补充。在这个过程中，知识库中的知识应用贯穿于问题的判定、求解、解释的全过程，推理机则利用知识进行实际的操作。通信时对知识库的控制主要是通过推理机实现，同时知识库也可以动态地调整推理机的内容和机制，达到不断学习的目的。

在具体构造一个专家系统时，除了应该具有这几部分外，还应根据相应领域问题的特点及要求适当增加某些部件。例如，建造计算工作较多的专家系统时，需要增加算法库等。

图 3-11　专家系统基本结构图

1）人机接口

人机接口是专家系统与领域专家、知识工程师及一般用户间的界面，由一组程序及相应的硬件组成，用于完成输入/输出工作。

在输入或输出过程中，人机接口需要进行内部表示形式与外部表示形式的转换。如在输入时，它将把领域专家、知识工程师或一般用户输入的信息转换成系统的内部表示形式，然后分别交给相应的机构去处理；输出时，它将把系统要输出的信息，由内部形式转换成人们易理解的外部形式，显示给相应的用户。

2）知识获取机构（学习系统）

专家系统中获取知识的机构。把"知识"从人类专家的脑中提取和总结出来，输入到知识库中，并且保证所获取的知识的正确性和一致性。还包括对知识库的修改和扩充。

早期依靠专家和计算机工作者把领域内的知识总结归纳出来，然后程序化建立知识库。对知识库的修改和扩充手工进行的。后来，一些专家系统具有了一定的自动知识获取功能。

3）知识库及其管理系统

知识库是用来存放原理性知识、专家的经验性知识以及有关的事实的存储器。知识库中的知识来源于知识获取机构，同时它又为推理机提供求解问题所需的知识。用产生式规则表达知识方法是目前专家系统中应用最普遍一种方法，它不仅可以表达事实，而且可以附上置信度因子来表示对这种事实的可信程度，这就导致了专家系统非精确推理的可能性。

知识库管理系统负责对知识库中的知识进行组织、检索和维护等。专家系统中其他任何部分要与知识库发生联系，必须通过该管理系统来完成，这样可以实现对知识库的统一管理和使用。

4）推理机

推理机是专家系统的"思维"机构，模拟领域专家的思维过程，控制并执行对问题的求解。它能根据当前已知的事实，利用知识库中的知识，按照一定的推理方法和控制策略进行逐步推理，求得问题的答案或证明某个假设的正确性。推理方法分为精确推理和不精确推理两类。控制策略有正向推理、反向推理及正反向混合推理等。

推理机与知识库是相对独立。推理机的性能、构造与知识的表示方式及组织方式有关，而与知识的内容无关。当知识库中的知识变化时，不需要修改推理机。

5）数据库及其管理系统

数据库又称为"黑板"或"综合数据库"等，用于存放反映系统当前状态的事实数据。事实数据包括用户输入的事实、已知的事实以及推理过程中得到的中间结果等。推理机根据数据库的内容，从知识库选择合适的知识进行推理，然后又把推出的结果存入数据库中。数据库可以记录推理过程中的各种有关信息，所以它为解释机构提供了回答用户咨询的依据。数据库是由数据库管理系统管理的，但应该使数据库的表示和组织与知识库中知识的表示和组织相容或一致。有些专家系统将数据库和知识库合二为一。

6）解释机构

解释机构由一组程序组成，它能跟踪并记录推理过程。通过解释机构，专家系统能告诉用户是如何得出结论的，根据是什么，为用户了解推理过程以及维护提供方便的手段。

当用户提出询问要求给出解释时，解释机构根据问题的要求分别做相应的处理，对推理路线和提问的含义给出必要的清晰的解释，最后把解释答案通过人机接口输出给用户。

3.6 解释器风格

3.6.1 原理

基于解释器（Interpreters）风格系统的核心是虚拟机，解释器实际上创建了一个软件虚拟出来的机器，所以这种风格又称为虚拟机风格。

一个基于解释器风格的系统通常包括正在被解释执行的伪码和解释引擎。伪码由需要被解释执行的源代码和解释引擎分析所得的中间代码组成；解释引擎包括语法解释器和解释器当前的运行状态。

所以，解释器风格中有四个组件：一个状态机和三个存储器。一个状态机是完成解释工作的解释引擎；第一个存储器是伪码的数据存储区——存放正在被解释的程序、第二个存储器记录源代码被解释执行的进度（被解释的程序的状态），第三个存储器记录解释引擎当前工作状态。其结构如图 3-12 所示。

连接件包括过程调用和直接存储器访问。

解释器风格的优点是有助于应用程序的可移植性和程序设计语言的跨平台能力，并且可以对未实现的硬件进行仿真（实际测试可能是复杂的、昂贵的或危险的）。

解释器风格的缺点是额外的间接层次带来了系统性能的下降。例如，在不引入 JIT（Just In Time）技术的情况下，Java 应用程序的速度相当慢。

解释器风格适用于不能直接在最适合的机器上的运行应用程序，或不能直接以最适合的语言执行的应用程序。解释器风格已经应用在模式匹配系统和语言编译器等方面：程序设计语言的编译器，比如 Java、Ssmalltalk 等；基于规则的系统，比如专家系统领域的 Prolog 等；脚本语言，比如 Awk、Perl 等。

图 3-12　解释器风格

3.6.2　实例

Java 可以被称为一种解释型的高级语言，负责解释、运行 Java 程序的系统软件称为 Java 解释器。但 Java 与传统的解释型高级语言（例如 Basic 语言）还有所不同，源程序不是直接交给解释器解释运行。

Java 的工作机制如下：编程人员首先编写好源代码，然后经过一个与编译型语言相似的编译过程，把 Java 源程序翻译成一种特定的二进制字节码文件，再把这个字节码文件交给 Java 解释器来解释执行，如图 3-13 所示。

图 3-13　Java 的工作机制

显然，在这种情况下，只要在不同软硬件平台的机器上配备适合这种机器的 Java 解释器，就可以把平台间的差异性隐藏起来。就像裸机经过操作系统的包裹可以屏蔽其硬件差异一样，操作系统经 Java 解释器的包裹也可以屏蔽其软件差异性，使之对所有的 Java 程序呈现解释器这样一个统一的界面。当 Java 的字节码程序在网络上的不同机器上运行时，它所接触到的都是 Java 解释器，从而避免了不同的平台开发不同版本的应用程序，软件的升级和维护工作也大大简化。

而且，需要注意的是，在 Java 解释器上解释执行的是 Java 二进制字节码程序（.class 文件），同一个 Java 字节码程序可以不加修改地运行在不同的硬件平台和操作系统上。所以，Java 实现了二进制代码级的可移植性，在网络应用上有着不可比拟的优势。

Java 源程序编译形成的二进制字节码程序（.class 文件）是在一个 Java 虚拟机（Java Virtual Machine 或 JVM）上运行的。Java 虚拟机就是 Java 成为网络应用首选语言的秘密所在。Java 虚拟机有自己的规范、指令集、寄存器等。编译后的 Java 字节码由 Java 虚拟机转换为特定硬件平台的指令，再去执行。Java 虚拟机可以由软件实现，也可以用硬件实现。其运行结构如图 3-14 所示。

图 3-14　Java 虚拟机

上面对虚拟机的各个部分进行了说明，下面通过一个具体的例子来分析它的运行过程。虚拟机通过调用某个类的 main() 方法启动，使指定的类被装载，同时链接该类所使用的其他的类型，并且初始化它们。

```
class HelloApp{
  public static void main(String[] args){
    System.out.println("Hello World!");
  }
}
```

编辑后以名字 HelloApp.java 保存；再进行编译 javac HelloApp.java，编译后生成字节码文件 HelloApp.class；然后解释运行 java HelloApp。

这时，通过调用 HelloApp 的方法 main() 来启动 java 虚拟机。下面简单说明虚拟机在执行 HelloApp 时采取的步骤，整个过程如图 3-15 所示。

图 3-15　虚拟机执行 HelloApp 时采取的步骤

开始执行类 HelloApp 的 main() 方法时，发现该类并没有被装载，也就是说虚拟机当前不包含该类的二进制代码字节码文件，于是虚拟机使用 ClassLoader 寻找这样的二进制代码字节码文件。如果这个进程失败，则抛出一个异常。

如果成功，类被装载后同时在 main() 方法被调用之前，必须对类 HelloApp 与其他类型进行链接然后初始化。链接包含三个阶段：检验、准备和解析。检验阶段检查被装载的主类的符号和语义，准备阶段创建类或接口的静态域以及把这些域初始化为标准的默认值，解析阶段负责检查主类对其他类或接口的符号引用。

3.7　反馈控制环风格

3.7.1　原理

控制系统在运行的过程中，通过自身不断的测量被控对象的特性，认识被控对象具有的性质和特征，掌握这些性质和特征随环境等因素变化的情况。根据所掌握的被控对象当前的特征信息，控制系统作出控制决策，使这个被控对象（或被控过程）的功能或特性有效地达到所期望的预期目标，实现对一个对象（或过程）的控制，从而使系统的性能按所规定的标准达到最优或者接近最优。

控制系统可以分为开环控制系统和闭环控制系统。一个自动控制系统主要包括被控对象、测量环节、调节器和执行环节。闭环控制系统也称反馈控制系统，闭环控制系统比开环控制系统多了比较环节和检测装置。闭环（反馈）控制系统可以看做是基于反馈控制环风格软件体系结构的系统。

（1）开环控制系统：如果系统的输出端和输入端之间不存在反馈回路，输出量对系统的控制作用没有影响，这样的系统称为开环控制系统，如图 3-16 所示。

在日常生活中，许多控制系统都可以理解成开环控制系统，如电风扇的转速是由档位决定的，不能根据环境温度自动调节。

图 3-16　开环控制系统

（2）闭环控制系统：输出量对控制作用有直接影响。自动调温空调就是闭环控制系统，当环境温度高于设定温度时，空调制冷系统自动开启，调定室温到设定值，如图 3-17 所示。

图 3-17　闭环控制系统

开环控制系统和闭环控制系统的区别：

从工作原理上看，开环控制系统的输出量不对系统的控制产生任何影响，闭环控制系统的输出量返回到输入端并对控制系统过程产生影响。

从信息传递过程上看，开环控制系统信息路径为一条，自输入端传至输出端，不存在信息逆向流动；闭环控制系统信息路径为两条，一条自输入端传至输出端，另一条是输出端信息经反馈环节返回到输入端的比较环节，形成一个闭合的环路。

基于反馈控制环风格软件体系结构的系统要达到下面的要求。

（1）闭环控制要消除过程中的干扰作用——定值控制、干扰控制。

（2）一个过程的被控量必须始终准确地跟随变动的给定值——跟踪控制、随动控制。

另外，还有一种自适应过程控制环，它包括三方面的工作：辨识被控对象的特征，在辨识的基础上作出控制决策，在决策的基础上实施修正动作。

3.7.2 实例

1. 日常生活中的反馈控制环风格

日常生活中有许多闭环（反馈）控制系统的例子。

（1）家用电冰箱温度控制系统（见图3-18）。

图3-18 家用电冰箱温度控制系统

（2）投篮（见图3-19）。

图3-19 投篮

2. 机器学习

知识工程包括使用知识、知识表示、获取知识，机器学习就是计算机自动获取知识的过程，其模型如图3-20所示。

图3-20 机器学习系统的基本模型

环境组件和知识库组件是以某种知识表示形式表达的信息的集合，分别代表外界信息来源和系统具有的知识。环境组件向系统的学习组件提供某些信息，而学习组件则处理环境组件提供的信息，利用这些信息对系统的知识库组件进行改进，改善知识库组件中的显式知识，以增进系统执行组件完成任务的效能。执行组件利用知识库组件中的知识来完成某种任务，同时把执行中获得的信息反馈给学习组件。通过这一反馈，学习组件的学习能力得到提高，知识得到增长。

这里，执行组件把执行结果反馈给学习组件，学习组件的学习能力得到提高，就是反馈控制环风格的具体应用。

执行组件是整个机器学习系统的核心。执行组件用于处理系统面临的现实问题，即应用知识库中所学到的知识求解问题，如智能控制、自然语言理解和定理证明等，并对执行的效果进行评价，将评价的结果反馈回学习环节，以便系统进一步学习。执行组件的问题复杂性、反馈信息和执行过程的透明度都对学习组件有影响。

若执行组件有较好的透明度，学习组件就容易追踪执行组件的行为。例如在学习下棋时，如果执行组件把考虑过的所有走法都提供给学习组件，不是仅仅提供实际采用的走法，系统就较容易分析合理的走法。

学习组件通过获得外部信息，并将这些信息与执行组件所反馈回的信息进行比较。一般情况下环境提供的信息水平与执行组件所需的信息水平之间往往有差距，经分析、综合、类比、归纳等思维过程，学习环节就要从这些差距中获取相关对象的知识，并将这些知识存入知识库中。

在实践中，训练样本先被输入到学习组件中，学习组件分析计算后输出学习结果，同时学习结果反馈到学习组件中。然后，真正的数据输入到学习组件中，并得到结果，过程如图 3-21 所示。

训练时，学习结果反馈到学习组件，通过这一反馈，学习组件的学习能力得到提高，知识得到增长。从而当真正的数据输入到学习组件后，会得到理想的结果，过程如图 3-22 所示。

图 3-21　训练　　　　　　　　　　　　　　图 3-22　实际数据

第4章 分布式软件体系结构风格

学习目标

- 理解分布式软件体系结构风格的原理
- 掌握分布式软件体系结构风格的实例
- 掌握中间件技术

集中式计算中主机（大型机或小型机）应用程序既负责与用户的交互，又负责对数据的管理。这种计算模型使用户能共享贵重的硬件设备，但它的特点是对资源的集中控制，缺乏灵活性。随着网络技术的发展，越来越多的系统采用分布式计算技术。分布式系统对软件开发提出了许多新的技术问题，并促使了适应此类系统的软件体系结构的产生。本章讲述几种主要的分布式软件体系结构风格。

4.1 概　　述

分布式系统是指基于网络环境，功能和数据分布在通过网络相连的多台计算机上，通过它们之间的相互通信，协作完成系统的各项功能的系统。

分布式系统可以解决集中式系统难以解决的问题：使一个系统能够利用多台计算机的资源，包括 CPU、内存、外存等硬件资源和各种软件资源；使用户可以跨越地理位置的障碍，在不同的地点使用系统完成其业务处理，包括多地区协作的业务处理。

分布式系统的体系结构主要有以下几种风格：

1）主机+仿真终端体系结构

以一台计算机为主机，其他计算机只作为它的远程仿真终端。这种系统和集中式系统在体系结构方面没有太大的区别，所有的业务功能和数据都集中在一台配置较强的主机上，其他计算机只相当于一些终端设备而已。这种体系结构是在大型计算机占主流、个人计算机功能和性能较弱的时代产生的。

2）文件共享体系结构（File Sharing Architecture）

文件共享体系结构中，系统功能分布到网络的各个结点上，数据存放在一个称做文件服务器的主机上。或者是系统功能和数据都分布到各个结点上，但是把数据处理为共享文件，可被多个结点使用。在一个结点上运行的功能如果需要使用其他结点上存放的数据，就以远程访问共享文件的方式把这些数据调到本地，在本地进行业务所需要的处理。然后，如果权限允许，把修改后的数据回送到原先的结点。

这种体系结构的缺点是，在网上传输大量的数据时，数据传输会成为系统的瓶颈。查阅或修改少量的数据，也需要在网上传送一大批数据，甚至整个文件。但相对于主机+仿真终端体系结构，它是真正意义上的分布式系统的体系结构。

文件共享体系结构的出现，是由于个人计算机的计算能力和存储容量已经提高，网络的每个结点都有条件分布一些在本地使用的功能和数据。

3）客户–服务器体系结构（Client–Server Architecture）

客户–服务器体系结构中，服务器（Server）是提供服务的计算机，客户机（Client）是请求服务的计算机。客户端不是把服务器端的大量数据调到本地来处理，而是向服务器发出服务请求，由服务器提供的服务在服务器端完成要求的处理，然后将处理结果返回请求者。

与文件共享体系结构相比，客户–服务器体系结构显著地减少了网络上的数据传输量。文件共享体系结构是在不同结点之间共享数据，所以要在网上传输大量的数据；客户–服务器体系结构是在不同结点之间共享服务，主要是传送对服务的请求信息和返回信息。

客户–服务器体系结构的主要技术有远程过程调用（Remote Procedure Call，RPC）、分布式数据库管理系统和通信协议。它具有运行效率高、开放性强、可扩充等优点。

典型的客户–服务器体系结构有两层客户–服务器体系结构、对等式客户–服务器体系结构、三层客户–服务器体系结构。

4）瘦客户–服务器体系结构（Thin Client–Server Achitecture）

客户–服务器体系结构中，用户的业务处理功能都分布到本地的客户机。对于分布区域较广的大型系统来说，末端的客户机数量多，分布范围也广。不同区域的需求有差别，所以不同的客户机上的功能也各不相同，需求变化时结点的维护和升级各不相同。这使得系统安装、维护和升级工作量大，付出的代价也高。

瘦客户–服务器体系结构把分布到客户机上的功能尽可能减少，从而可以在客户机上容易地安装、维护和升级软件。在瘦客户–服务器体系结构中，服务器处理应用领域的业务功能，客户机只处理人机交互和访问服务器功能。需求的多样化和动态变化都体现在服务器上，瘦客户机上的软件是统一的和相对稳定的。瘦客户机上体现的功能差异与变化，只是不同的参数设置或权限设置。瘦客户机上的软件升级时，只需在服务器上发布一个新版本，各地的用户下载即可。

典型的瘦客户–服务器体系结构就是浏览器–服务器体系结构。

4.2　两层 C/S 体系结构风格

4.2.1　原理

两层 C/S 体系结构风格明显地区分客户机和服务器，把提供给多个结点共享的公共服务集中在服务器上，客户机则只配备与本地业务处理有关的功能和数据。客户机和服务器构成两个界限分明的层次，所以称两层 C/S 体系结构，如图 4-1 所示。

两层 C/S 体系结构风格的应用程序的数据和处理分布在一定范围内的多个组件，组件之间通过网络连接。服务器组件向多个客户提供服务，它永远处在激活状态，监听用户请求。客

图 4-1　两层 C/S 体系结构风格

户组件向服务器组件请求服务。连接件是进程间通信机制，通常是基于 RPC 的交互协议。

远程文件系统是数据服务的基本方式，客户端向网络上的文件服务器发送请求并取得所需文件。

数据库服务器提供了比远程文件系统更有效的客户—服务器方式的数据共享。客户发出的是 SQL 请求，返回的既有数据信息也有控制信息。两层 C/S 体系结构风格的典型例子是，服务器带有一个共享数据库并提供所有的公共服务，包括使用该数据库的各类应用系统共同使用的常用服务；各客户机实现本地的业务处理，不对外提供服务，只是请求服务器所提供的服务来完成自己的任务，如图 4-2 所示。

两层 C/S 体系结构风格有利于分布式的数据组织；组件间的位置是透明的，客户和服务器都不用考虑对方的位置；便于异质平台间的融合与匹配，客户和服务器可运行不同操作系统；可扩展性好，便于服务器修改、扩展或增加。

图 4-2　两层 C/S 体系结构风格

两层 C/S 体系结构网格的一般处理流程如图 4-3 所示。

图 4-3　两层 C/S 体系结构风格一般处理流程

两层 C/S 体系结构风格存在以下局限：

（1）客户机的负荷太重，难以管理大量的客户机，系统的性能容易变坏。

（2）数据安全性不好。客户端程序可以直接访问数据库服务器，在客户端计算机上的其他程序也可想办法访问数据库服务器，从而使数据库的安全性受到威胁。

（3）以局域网为中心，一般是单一服务器，难以扩展至大型企业广域网或 Internet。

（4）客户必须知道服务器的访向标识，否则很难知道有哪些可用服务。

4.2.2　实例

1．一个简单的 Client/Server 程序

这里举一个简单的例子说明如何运用套接字对服务器和客户机进行操作。客户机发送数据到服务器，服务器将收到的数据返回给客户机。

服务器的全部工作就是等候建立一个连接，然后用这个连接产生的 socket 创建一个输入流和一个输出流，它把从输入流中读入的数据都反馈给输出流。直到接收到字符串 "end" 为止，最后关闭连接。

客户机连接服务器，然后创建一个输入流和一个输出流，它把数据通过输出流传给服务器，然后从输入流中接收服务器发回的数据。

（1）服务器端程序 tcpServer.java。

```java
import java.io.*;
import java.net.*;

public class tcpServer {
  public static final int PORT=8888;
  public static void main(String[] args) throws IOException{
    //建立 ServerSocket
    ServerSocket s=new ServerSocket(PORT);
    System.out.println("ServerSocket:"+s);
    try{
      /*程序阻塞，等待连接。即直到有一个客户请求到达，程序方能继续执行*/
      Socket ss=s.accept();
      System.out.println("Socket accept:"+ss);
      try {
        //连接成功，建立相应的 I/O 数据流
         DataInputStream dis=new DataInputStream(ss.getInputStream());
         DataOutputStream dos=new DataOutputStream(ss.getOutputStream());
        //在循环中，与客户机通信
        while(true){
           String str=dis.readUTF();        //从客户机中读数据
           if(str.equals("end"))break;      //当读到 end 时，程序终止
           System.out.println(str);
           dos.writeUTF("Echoing:"+str);    //向客户机中写数据
        }
        dos.close();
        dis.close();
      }finally{
        ss.close();
      }
    }finally{
      s.close();
    }
  }
}
```

服务器端运行结果为：

```
ServerSocket:ServerSocket[addr=0.0.0.0/0.0.0.0,port=0,localport=8888]
Socket accept:Socket[addr=/127.0.0.1,port=7312,localport=8888]
测试: 0
测试: 1
测试: 2
测试: 3
测试: 4
测试: 5
```

（2）客户机端程序 tcpClient.java。

```java
import java.io.*;
import java.net.*;

public class tcpClient {
  public static void main(String[] args) throws IOException{
    //建立 Socket，服务器在本机的 8888 端口处进行"监听"
    Socket ss=new Socket("127.0.0.1",8888);
    System.out.println("Socket:"+ss);
    try{
      //套接字建立成功，建立 I/O 流进行通信
      DataInputStream dis=new DataInputStream(ss.getInputStream());
      DataOutputStream dos=new DataOutputStream(ss.getOutputStream());
      for(int i=0;i<6;i++){
        dos.writeUTF("测试:"+i);              //向服务器发数据
        dos.flush();                         //刷新输出缓冲区，以便立即发送
        System.out.println(dis.readUTF());   //将从服务器接收的数据输出
      }
      dos.writeUTF("end");                    //向服务器发送终止标志
      dos.flush();                            //刷新输出缓冲区，以便立即发送
      dos.close();
      dis.close();
    }finally{
      ss.close();
    }
  }
}
```

客户器端运行结果为：

```
Socket:Socket[addr=/127.0.0.1,port=8888,localport=7312]
Echoing:测试: 0
Echoing:测试: 1
Echoing:测试: 2
Echoing:测试: 3
Echoing:测试: 4
Echoing:测试: 5
```

可以看到，关闭套接字的语句放在 finally 块中，这是为了确保一定能够关闭 socket。但关闭 I/O 流的语句没有放在 finally 块中，这是因为在 try 块内，可能还没有建立 I/O 流对象就抛出异常。

2. 多用户机制

在上例中，服务器每次只能为一个客户提供服务。但是，一般情况下要求服务器能同时处理

多个客户机的请求。解决这个问题的关键就是多线程处理机制。

常用的方法是在服务器程序里，在 accept() 返回一个 socket 后，就用它新建一个线程，令它只为那个特定的客户服务。然后再调用 accept()，等待下一次新的连接请求。下例是一个服务多个客户的网络程序。可以看到它与上例很相似，只是为一个特定的客户提供服务的所有操作都已移入一个独立的线程类中：

（1）服务器端程序 MTcpServer.java。

```java
import java.net.*;
import java.io.*;

public class MTcpServer {
  public static final int PORT=8888;
  public static void main(String[] args) throws IOException{
    ServerSocket ss=new ServerSocket(PORT);
    System.out.println("服务器开启");
    try{
      while(true){
        Socket s=ss.accept();
        try{
          //启动一个新的线程，并把 accept() 得到的 socket 传入新线程中
          new ServerOne(s);
        }catch(IOException e){
          s.close();
        }
      }
    }finally{
      ss.close();
    }
  }
}

class ServerOne extends Thread{//用于为特定用户服务的线程类
  private Socket s;
  private BufferedReader in;
  private PrintWriter out;
  public ServerOne(Socket s) throws IOException{
    this.s=s;
    in=new BufferedReader(new InputStreamReader(s.getInputStream()));
    out=new PrintWriter(new BufferedWriter
               (new OutputStreamWriter(s.getOutputStream())),true);
    start();
  }
  public void run(){
    try{
      while(true){
        String str=in.readLine();
        if(str.equals("end")) break;
        System.out.println(str);
        out.println("Echo:"+str);
      }
```

```
    System.out.println("closing.....");
  }catch(IOException e){
  }finally{
   try{
     s.close();
   }catch(IOException e){}
  }
 }
}
```

为了证实服务器代码确实能为多名客户提供服务,下面这个程序将创建多个客户(使用线程),并同相同的服务器建立连接。

(2)客户端程序 MTcpClient.java。

```
import java.net.*;
import java.io.*;

public class MTcpClient extends Thread{
  //允许创建的线程的最大数
  static final int MAX_THREADS=30;
  private Socket s;
  private BufferedReader in;
  private PrintWriter out;
  //每一个线程的 id 都不同。
  private static int id=0;
  //当前活动的线程数
  private static int threadCount=0;
  public static int getThreadCount(){
    return threadCount;
  }
  public MTcpClient(InetAddress ia) {
    System.out.println("Making client"+id);
    threadCount++;
    id++;
    try{
      s=new Socket(ia,MTcpServer.PORT);
    }catch(IOException e){}
    try{
      in=new BufferedReader(new InputStreamReader(s.getInputStream()));
      out=new PrintWriter(new BufferedWriter (new OutputStreamWriter
(s.getOutputStream())),true);
      start();
    }catch(IOException e1){
      try{
          s.close();
      }catch(IOException e2){}
    }
  }
  public void run(){
    try{
    String str;
    for(int i=0;i<25;i++){
      out.println("Client #"+id+":"+i);
```

```
      str=in.readLine();
      System.out.println(str);
    }
    out.println("end");
  }catch(IOException e){
  }finally{
   try{
     s.close();
   }catch(IOException e){}
   threadCount--;
   }
  }
  public static void main(String[] args)throws IOException,InterruptedException{
    InetAddress ia=InetAddress.getByName(null);
    while(true){
      if(getThreadCount()<MAX_THREADS)
        new MTcpClient(ia);
      Thread.currentThread().sleep(10);
    }
  }
}
```

3．套接字技术

本例利用套接字技术实现应用程序中对数据库的访问。应用程序只是利用套接字连接并向服务器发送一个查询的条件，而服务器负责对数据库的查询，然后服务器再将查询的结果利用建立的套接字返回给客户端。程序效果如图 4-4 所示。

（1）服务器端程序 Server.java。

```
import java.io.*;
import java.net.*;
import java.util.*;
import java.sql.*;
```

图 4-4　两层 C/S 体系结构风格实例

```
public class Server{
  public static void main(String args[]){
    Connection con;
    PreparedStatement sql=null;
    ResultSet rs;
    try{
      Class.forName("sun.jdbc.odbc.JdbcOdbcDriver");
    }catch(ClassNotFoundException e){}
    try{
      con=DriverManager.getConnection("jdbc:odbc:myDB","liu","123");
      sql=con.prepareStatement("SELECT * FROM chengjibiao WHERE number = ? ");
    }catch(SQLException e){
      System.out.println(e);
    }
    ServerSocket server=null;
    Server_thread thread;
    Socket you=null;
    while(true){
      try{
```

```
          server=new ServerSocket(4331);
          }catch(IOException e1){
          System.out.println("正在监听");
          }
          try{
            System.out.println(" 等待客户呼叫");
            you=server.accept();
            System.out.println("客户的地址:"+you.getInetAddress());
          }catch(IOException e1){
            System.out.println("正在等待客户");
          }
          if(you!=null){
            new Server_thread(you,sql).start();
          }
        }
      }
    }

class Server_thread extends Thread{
  Socket socket;
  DataOutputStream out=null;
  DataInputStream  in=null;
  PreparedStatement sql;
  boolean boo=false;
  Server_thread(Socket t, PreparedStatement sql){
    socket=t;
    this.sql=sql;
    try {
      out=new DataOutputStream(socket.getOutputStream());
      in=new DataInputStream(socket.getInputStream());
    }catch(IOException e){}
  }
  public void run(){
    while(true){
      try{
        String num=in.readUTF();
        boo=false;
        sql.setString(1,num);
        ResultSet rs=sql.executeQuery() ;
        while(rs.next()){
          boo=true;
          String number=rs.getString(1);
          String name=rs.getString(2);
          String date=rs.getString(3);
          int math=rs.getInt(4);
          int english=rs.getInt(5);
          out.writeUTF("学号:"+number+" 姓名:"+name+" 出生:"+date
                  +" 数学:"+math+" 英语"+english);
        }
        if(boo==false){
          out.writeUTF("没有该学号! ");
        }
```

```
      }catch (Exception e){
        System.out.println("客户离开"+e);
        return;
      }
    }
  }
}
```

（2）客户端程序 Client.java。

```
import java.net.*;
import java.io.*;
import java.awt.*;
import java.awt.event.*;
import javax.swing.*;

public class Client{
  public static void main(String args[]){
    new QueryClient();
  }
}

class QueryClient extends Frame implements Runnable,ActionListener{
  Button connection,send;
  TextField inputText;
  TextArea showResult;
  Socket socket=null;
  DataInputStream in=null;
  DataOutputStream out=null;
  Thread thread;
  QueryClient(){
    socket=new Socket();
    Panel p=new Panel();
    connection=new Button("连接服务器");
    send=new Button("发送");
    send.setEnabled(false);
    inputText=new TextField(8);
    showResult=new TextArea(6,42);
    p.add(connection);
    p.add(new Label("输入学号"));
    p.add(inputText);
    p.add(send);
    add(p,BorderLayout.NORTH);
    add(showResult,BorderLayout.CENTER);
    connection.addActionListener(this);
    send.addActionListener(this);
    thread=new Thread(this);
    setBounds(10,30,350,400);
    setVisible(true);
    validate();
    addWindowListener(new WindowAdapter(){
      public void windowClosing(WindowEvent e){
```

```
            System.exit(0);
        }
    });
}
public void actionPerformed(ActionEvent e){
    if(e.getSource()==connection){
        try{
            if(socket.isConnected()){}
            else{
                InetAddress  address=InetAddress.getByName("127.0.0.1");
                InetSocketAddress socketAddress=new InetSocketAddress(address,4331);
                socket.connect(socketAddress);
                in=new DataInputStream(socket.getInputStream());
                out=new DataOutputStream(socket.getOutputStream());
                send.setEnabled(true);
                thread.start();
            }
        }catch (IOException ee){}
    }
    if(e.getSource()==send){
        String s=inputText.getText();
        if(s!=null){
        try {
            out.writeUTF(s);
        }catch(IOException e1){
        }
        }
    }
}
public void run(){
    String s=null;
    while(true){
    try{
        s=in.readUTF();
        showResult.append("\n"+s);
    }catch(IOException e1){
        showResult.setText("与服务器已断开");
        break;
    }
    }
}
}
```

4.3 P2P 体系结构风格

有两种特殊的客户–服务器风格体系结构：代理（broker）风格体系结构和 P2P 风格体系结构。代理风格中，服务器将服务发布给一个代理，客户通过代理访问服务，如图 4-5 所示。代理风格的典型例子有 CORBA、SOAP、Web Seveice、UDDI 等。

P2P 风格体系结构指对等式客户–服务器体系结构，P2P 是英文 Peer-to-Peer（对等）的简称，又被称为"点对点"，典型例子有 Windows 系统。对等技术是一种网络技术，依赖网络中参与者的计算能力和带宽，而不是把依赖都聚集在较少的几台服务器上，如图 4-6 所示。

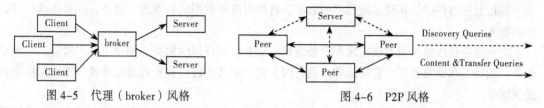

图 4-5　代理（broker）风格　　　　　　　图 4-6　P2P 风格

P2P 风格体系结构把客户机和服务器看成是相对的。根据实际需要，系统中的每一台计算机既可以作为客户机，又可以作为服务器。即每一台计算机既可以请求其他结点提供的服务，又可以为其他结点提供服务。当它请求其他结点的服务时，它就是客户机；当它向其他结点提供服务时，它就是服务器。

目前中国 P2P 类业务主要有如下四类：P2P 下载类业务，如 BitTorrent、eMule、迅雷 P2P 下载等；P2P 流媒体类业务，如 PPLive、QQLive、PPStream 等；IM（Instant Messaging，即时通讯、实时传讯）类业务，如 MSN、QQ 等；VoIP（Voice over Internet Protocol，网络电话/IP 电话）类业务，如 Skype、H.323、SIP、MGCP 等。

1. BT

BT 是 BitTorrent 的简称，中文全称是比特流。原先是指是一个多点下载的 P2P 软件。BT 是当今 P2P 最为成功的一个应用。BT 不像 FTP 那样只有一个发送源，它有多个发送点，当用户在下载时，同时也在上传，大家都处在同步传送的状态。

BT 首先在上传者端把一个文件分成了多个部分，客户端甲在服务器随机下载了第 N 部分，客户端乙在服务器随机下载了第 M 部分。甲的 BT 会根据情况，到乙的计算机上获取乙已经下载好的第 M 部分；乙的 BT 也会根据情况，到甲的计算机上获取甲已经下载好的第 N 部分。

这种情况下，在用户自己下载的同时，自己的计算机还要继续做主机上传。这种下载方式，人越多速度越快。但缺点是对硬盘损伤比较大（在写的同时还要读）；对内存占用较多，影响整机速度。

2. P2P 流媒体服务

基于 P2P 的流媒体业务主要包括：直播或轮播方式、点播方式、下载方式。目前直播和下载方式在技术上比较成熟。

PPLive 等流媒体运营商目前主要实现的是 P2P 直播业务。

点播方式是用户可以根据喜好随意拖动时点进行观看的方式，需要一定量的 P2P 用户同时观看，并且需要保证所有用户在观看不同片段时的播放质量以及应对用户频繁的加入退出，技术实现和网络支持的难度较大，目前还处于发展阶段。

下载后再观看的方式，从严格意义上来讲属于文件共享下载。

国外有关于 P2P 技术的纠纷很多，这种传输方式和版权联系很紧密，其前所未有的传输速度引起了音乐制作商的不安。在音乐制作商还没有来得及开始拦截的时候，一首歌曲便以迅雷不及掩耳之势传遍了整个互联网，而更加确切的说应该是全球，这显然是传统的盗版方式所不能比拟的。

4.4　三层 C/S 体系结构风格

三层 C/S 体系结构是对两层 C/S 体系结构的改进和发展，包括数据服务器、应用服务器和客户机三个层次。

数据服务器存储和管理系统共享的数据，提供对这些数据进行查询、更新、一致性维护等操作的服务。

应用服务器按照应用系统需求和业务逻辑，为业务处理提供服务。相对于客户机层，它是服务器。相对于数据服务器，它又是客户机，因为它的服务在进行业务处理时又要请求数据服务器提供服务。

客户机层处理与用户的交互，根据应用服务器提供的服务向应用服务器发出请求，完成用户所要求的业务处理。应用系统主要的业务逻辑由应用服务器上的服务来实现，客户机上的软件简单，安装和维护比较容易。

从硬件的拓扑结构看，三层 C/S 体系结构从一级的服务器辐射出若干二级的服务器，每个二级的服务器又辐射出若干客户机，加强了系统的可伸缩性。根据系统规模、用户需求和硬件性能与容量的制约，这种结构也可以推广到更多的层次。

三层 C/S 体系结构可以将应用功能分成表示层、功能层和数据层三个部分，如图 4-7 所示。

表示层是应用系统的用户接口部分，检查用户输入的数据，显示输出的数据。一般使用图形用户接口，操作简单、易学易用。检查的内容只限于数据的形式和取值的范围，不包括有关业务本身的处理逻辑。在变更用户接口时，只改写显示控制和数据检查程序，不影响其他两层。

图 4-7　三层 C/S 体系结构

功能层将具体的业务处理逻辑编入程序中。例如，学生成绩管理系统中，成绩统计、打印等工作在功能层进行处理，而处理所需的数据从表示层或数据层获得。表示层和功能层之间的数据交互要尽可能简洁。例如，学生检索成绩时，要设法将有关检索要求的信息一次性地传送给功能层，而由功能层处理过的检索结果数据也一次性地传送给表示层。通常，功能层中有确认用户对数据库存取权限的功能以及记录系统处理日志的功能。

数据层就是数据库管理系统，负责管理对数据库数据的读写。数据库管理系统必须能迅速执行大量数据的更新和检索，所以一般从功能层传到数据层的要求大都使用 SQL 语言。

三层 C/S 体系结构对这三层进行明确分割，并在逻辑上使其独立。

一般情况是只将表示层配置在客户机中，如果连功能层也放在客户机中，客户机负荷太重，其业务处理所需数据要从服务器传给客户机，所以系统性能容易变坏。

功能层和数据层如果放在不同的服务器中，服务器和服务器之间也要进行数据传送。但是，由于三层是分别放在不同的硬件系统上，所以灵活性很高，能够适应客户机数目的增加和处理负荷的变动。例如，在追加新业务处理时，可以相应增加功能层的服务器。因此，系统规模越大这种形态的优点就越显著。

三层 C/S 体系结构的一般处理流程如图 4-8 所示。

图 4-8 三层 C/S 体系结构一般处理流程

与两层 C/S 体系结构相比，三层 C/S 体系结构具有以下优点：

（1）提高系统和软件的可维护性和可扩展性。三层结构的功能，在逻辑上保持相对独立性，整个系统的逻辑结构清晰。

（2）功能层隔离开表示层与数据层，未授权的用户或黑客难以绕过功能层非法地访问数据层，安全性高；整个系统的管理层次也更加合理和可控。

（3）更灵活有效地选用硬件系统，使之在处理负荷能力上与处理特性上分别适应于结构清晰的三层；并且各个组成部分有良好的可升级性和开放性。例如，最初数据层和功能层都在一台服务器上；随着用户数和数据量逐渐增加，可将原来的服务器作为功能层服务器，另外追加一台服务器作为数据层服务器；若用户数进一步增加，可继续增加功能层的服务器数量。

（4）各层可以并行开发，也可以选择各自最适合的开发语言。并行、高效地进行开发，性价比高；对每一层的处理逻辑的开发和维护也会容易些。

三层 C/S 体系结构需要注意：三层 C/S 体系结构各层间的通信效率要求比较高，否则即使各层的硬件能力很强，也达不到要求的整体性能。同时，设计时要慎重考虑三层间的通信方法、通信频度及数据量。

4.5 B/S 体系结构风格

4.5.1 原理

B/S 体系结构风格，即 Browser/Server（浏览器/服务器）体系结构风格，是随着 Internet 技术的兴起，对 C/S 体系结构风格的一种改进的结构。其结构如图 4-9 所示。

瘦客户–服务器的思想发展到极端时，应用系统的客户机只剩下一个浏览器。用户在浏览器上进行人机交互操作，浏览器把用户命令转换为对服务器的请求，并把得到的处理结果向用户显示。

图 4-9　B/S 体系结构风格

基于 Web 的 B/S 体系结构风格中，客户机和服务器之间采用 HTTP 相互通信。应用系统在客户机上的软件只是一个基于 Web 的浏览器，通过它可以浏览服务器上提供的网页，并在网页上进行应用系统的各种操作。在浏览器和服务器之间传输的网页是用超文本标记语言（HTML）描述的。由于采用标准的通信协议和描述语言，因此应用系统客户端的业务处理是与平台无关的。在浏览器上实现对 HTML 文件的解释并向用户显示，服务器执行用户请求的服务。

B/S 体系结构风格和三层客户–服务器体系结构紧密相关——浏览器通常是和基于 Web 的应用服务器、数据服务器配合在一起，形成三层客户–服务器体系结构（浏览器/Web 服务器/数据库服务器）。在这种结构下，用户界面完全通过浏览器实现，一部分事务逻辑在前端实现，但是主要事务逻辑在服务器端实现。

B/S 体系结构风格是利用浏览器技术，结合浏览器的脚本语言（VBScript、JavaScript 等），用通用浏览器实现了原来需要复杂的专用软件才能实现的强大功能，并节约了开发成本。

下面比较一下 C/S 体系结构风格与 B/S 体系结构风格区别。

（1）硬件环境不同：C/S 体系结构风格建立在局域网的基础上。一般建立在专用的网络上，或小范围的网络环境。B/S 结构建立在广域网的基础之上，不必是专门的网络硬件环境，例如可以使用电话上网，租用设备。适应范围比 C/S 体系结构风格更强，一般只要有操作系统和浏览器就行。

（2）对安全的控制能力不同。C/S 体系结构风格一般面向相对固定的用户群，对信息安全的控制能力很强。B/S 体系结构风格建立在广域网之上，对安全的控制能力相对弱，面向的是不可知的用户群。

（3）对程序架构不同。C/S 体系结构风格的程序可以对权限多层次校验，较少考虑系统运行速度。B/S 体系结构风格对安全以及访问速度的要求比 C/S 体系结构风格高。B/S 体系结构风格的程序架构是发展的趋势，Microsoft 的 .Net 系列全面支持网络的组件搭建的系统，Sun 推出的 JavaBeans 组件技术等，使 B/S 体系结构风格更加成熟。

（4）软件复用效率不同。C/S 体系结构风格可以整体性考虑，组件的复用性不如 B/S 体系结构风格。B/S 体系结构风格要求组件具有相对独立的功能，能够较好地复用这些组件。

（5）系统维护不同。C/S 体系结构风格由于整体性考虑，要整体处理出现的问题以及系统升级。升级较难，有可能需要做一个全新的系统。B/S 体系结构风格组件更换方便，可以实现系统的无缝升级，系统维护的开销小，用户从网上自己下载安装就可以实现升级。

（6）处理问题不同。C/S 体系结构风格的程序处理用户界面固定，并且在相同区域，安全要求高，需求与操作系统相关，都是相同的系统。B/S 体系结构风格建立在广域网上，面向不同的用户群，地域分散，与操作系统平台关系较小。

（7）用户接口不同。C/S 体系结构风格表现方法有限，对程序员要求较高。B/S 体系结构风格建立在浏览器上，与用户交流方式更加丰富和生动；并且难度有所降低，开发成本有所减低。

（8）信息流不同。C/S 体系结构风格的程序交互性相对较低。B/S 体系结构风格有 B-B 模式

（企业与企业间的电子商务）、B-C 模式（企业与消费者之间的电子商务）、B-G 模式（企业与政府间的电子商务）等信息流向的变化。

B/S 体系结构风格有以下优点：

（1）基于 B/S 体系结构风格的软件，系统安装、修改和维护操作均在服务器端解决。用户通过一个浏览器就可运行全部的模块，达到了"零客户端"的功能，运行时容易自动升级。

（2）B/S 体系结构风格提供了异种网、异种机、异种应用服务的联网、联机、统一服务的开放性基础。

B/S 体系结构风格也存在一些缺点：B/S 体系结构风格的系统扩展能力差，安全性难以控制；采用 B/S 体系结构风格的应用系统，在数据查询等响应速度上，要远远地低于 C/S 体系结构。

4.5.2　实例

1．JSP 直接连接数据库的程序

JSP 程序如下：

```
<%@page contentType="text/html;charset=gb2312"%>
<%@page import="java.sql.*"%>
<%
  Connection conn=null;
  Statement stmt=null;
  ResultSet rs=null;
  try{
    Class.forName("sun.jdbc.odbc.JdbcOdbcDriver");
    }catch(ClassNotFoundException ce){
    out.println(ce.getMessage());
    }
    try{
      conn=DriverManager.getConnection("jdbc:odbc:myDB","liu","123");
      stmt=conn.createStatement();
      rs=stmt.executeQuery("SELECT * FROM chengjibiao");
    while(rs.next()){
    out.print(rs.getString(1)+" ");
    out.print(rs.getString(2)+" ");
    out.print(rs.getString(3)+" ");
    out.print(rs.getInt(4)+" ");
    out.print(rs.getInt(5)+" ");
      out.print("<BR>");
    }
    }catch(SQLException e){
    System.out.println(e.getMessage());
    }finally{
    stmt.close();
    conn.close();
    }
%>
```

上面程序的存放位置为 tomcat 安装目录的 webapps\ROOT 子目录中。

2．JSP+JavaBeans 直接连接数据库的程序

（1）JSP 程序如下：

```
<%@page contentType="text/html;charset=gb2312"%>
```

```
<%@page import="java.sql.*"%>
<%@page import="db.dbConn"%>
<jsp:useBean id="connDbBean" class="db.dbConn" scope="page">
</jsp:useBean>
<%
  ResultSet rs = connDbBean.executeQuery("SELECT * FROM chengjibiao");
  while(rs.next()){
    out.print(rs.getString(1)+" ");
    out.print(rs.getString(2)+" ");
    out.print(rs.getString(3)+" ");
    out.print(rs.getInt(4)+" ");
    out.print(rs.getInt(5));
    out.print("<BR>");
  }
%>
```

（2）JavaBeans 程序如下：

```
package db;
import java.sql.*;
public class dbConn {
  String sDBDriver="sun.jdbc.odbc.JdbcOdbcDriver";
  String sConnStr="jdbc:odbc:myDB";
  Connection conn=null;
  ResultSet rs=null;
  public dbConn() {
    try {
    Class.forName(sDBDriver);
    }catch(java.lang.ClassNotFoundException e) {
    System.err.println( e.getMessage());
    }
  }
  public ResultSet executeQuery(String sql) {
    try {
      conn=DriverManager.getConnection(sConnStr,"liu","123");
      Statement stmt=conn.createStatement();
      rs=stmt.executeQuery(sql);
    }catch(SQLException ex) {
    System.err.println(ex.getMessage());
    }
      return rs;
  }
}
```

将上述 Java 文件保存为 dbConn.java，并编译，得到字节码文件 dbConn.class，存放位置为 tomcat
安装目录的 webapps\ROOT\WEB-INF\classes\db 子目录中。

4.6　C/S 与 B/S 混合软件体系结构

4.6.1　原理

B/S 与 C/S 混合软件体系结构是一种典型的异构体系结构。传统的 C/S 体系结构和 B/S 体系结构均有其各自的优缺点。原来的很多软件系统都是建立在 C/S 体系结构基础上的，所以采用 B/S 与 C/S 混合软件体系结构是非常必要的。

第一种 C/S 与 B/S 混合软件体系结构的工作方式是，内部用户通过局域网直接访问数据库服务器，采用的是 C/S 结构；外部用户通过 Internet 访问 Web 服务器，再通过 Web 服务器访问数据库服务器，采用的是 B/S 结构，如图 4-10 所示。

第一种 C/S 与 B/S 混合软件体系结构的优点是，外部用户不直接访问数据库服务器，能保证数据库的相对安全；内部用户的交互性较强，数据查询和修改的响应速度较快。同时，外部用户只需一台接入 Internet 的计算机，就可以通过 Internet 查询内部情况；这样不需要做太大的投入和复杂的设置，还能方便外部用户及时了解内部情况，对内部情况进行宏观调控。

第一种 C/S 与 B/S 混合软件体系结构的缺点是，外部用户修改和维护数据时，速度较慢，较烦琐，数据的动态交互性不强。

图 4-10　第一种 C/S 与 B/S 混合软件体系结构

第二种 C/S 与 B/S 混合软件体系结构的工作方式是，不管用户是内部用户还是外部用户，执行修改和维护数据操作的，都采用 C/S 结构；执行查询和浏览操作的，都采用 B/S 结构，如图 4-11 所示。

第二种 C/S 与 B/S 混合软件体系结构的优点是，数据查询和修改的响应速度较快，系统安装、修改和维护全在服务器端解决。

第二种 C/S 与 B/S 混合软件体系结构的缺点是，外部用户可以直接访问数据库服务器，无法保障数据库的安全。

图 4-11　第二种 C/S 与 B/S 混合软件体系结构

4.6.2　实例

运用 C/S 与 B/S 混合软件体系结构设计医院病房管理信息系统。本系统涉及许多科室，包括行政科室、检查治疗科室、药房、住院处、病房、手术室等子系统。

由于行政管理计算机组的主要工作是查询和决策，录入工作比较少，安全性要求不高，所以采用 B/S 结构比较合适。同时，由于只有行政管理计算机组采用 B/S 结构，可以将第二层 Web 服务器和第三层数据库服务器统一放在一台服务器上进行管理。而对于其他工作组需要较快的存储速度和较多的录入，交互性比较强，安全性要求也较高，可以采用 C/S 结构。

在行政管理组中，采用 B/S 结构。第一层客户机负责向 Web 服务器发出请求，处理针对用户的输入和输出，采用 ASP、JSP 或者 PHP 进行开发。第二层的 Web 服务器是连接客户机和数据库服务器的纽带，可以选择 VC++或者 Java；对于 VC++，它以动态链接库的形式存在，负责建立实际的数据库的连接，根据用户的请求通过 OLE DB 与相应的后台数据库相连，并通过数据库访问组件 ADO（ActiveX Data Objects）完成对数据库的操作，并把结果返给客户端；对于 JSP，通过 JDBC 技术直接建立与数据库的连接，也可以使用 JavaBeans 建立与数据库的连接，完成对数据库的操作，并把结果返给客户端。第三层的数据库服务器则执行真正的数据库操作。

在其他用户组中采用 C/S 结构，可以选择 VC++或者 Java。利用 VC++语言直接将用户的请求通过 ADO 数据访问技术建立与数据库的连接，完成对数据库的操作。或者利用 Java 语言直接将用户的请求通过 Socket 建立网络连接，再通过 JDBC 技术建立与数据库的连接，完成对数据库的操作。

4.7 中 间 件

4.7.1 概念

随着计算机软件技术的，许多应用程序需要在网络环境的异构平台上运行。在分布异构环境中，存在多种硬件系统平台（如 PC、工作站、小型机等），在这些硬件平台上又存在各种各样的系统软件（如不同的操作系统、数据库、语言编译器等），以及多种风格各异的用户界面，这些硬件系统平台还可能采用不同的网络协议和网络体系结构连接。要把这些系统集成起来并开发新的应用，需要使用中间件（Middleware）。

中间件能够屏蔽操作系统和网络协议的差异，为应用程序提供多种通信机制；并提供相应的平台以满足不同领域的需要（见图 4-12）。因此，中间件为应用程序提供了一个相对稳定的高层应用环境。

图 4-12 软件系统中的中间件

1. 什么是中间件

为解决分布异构问题，提出了中间件的概念。中间件是位于平台（硬件和操作系统）和应用之间的通用服务，这些服务具有标准的程序接口和协议。针对不同的操作系统和硬件平台，它们可以有符合接口和协议规范的多种实现。

在软件系统中，中间件位于应用软件和系统软件之间（见图 4-13），它屏蔽了底层环境的异构性和复杂性，从而给应用开发者提供一个标准的、统一的界面。这样开发者就无须关注底层软件的开发，并且依靠中间件提供的众多接口，可以快速地开发出可靠、高效的分布式应用软件。

图 4-13　中间件

中间件具有如下特点：运行于多种硬件和 OS 平台；支持分布计算，提供跨网络、硬件和 OS 平台的透明性的应用或服务的交互；具有互操作性，支持标准的协议；具有可移植性，支持标准的接口。

中间件提供的程序接口定义了一个相对稳定的高层应用环境，不管底层的计算机硬件和系统软件怎样更新换代，只要将中间件升级更新，并保持中间件对外的接口定义不变，应用软件几乎不需做任何修改，从而保护了企业在应用软件开发和维护中的重大投资。

2．中间件的工作机理

当客户端需要从网络上的获取一定的数据或服务时，这些数据或服务可能处于不同硬件环境和运行着不同操作系统的服务器中。这时，客户机应用程序只需访问一个中间件系统，由中间件负责在网络中寻找需要的数据或服务，找到后就把客户请求传输到相应的服务器，并把来自服务器的返回结果进行重新组合，最后将结果送回客户端。

因此，基于中间件开发的应用具有良好的可扩充性、易管理性、高可用性和可移植性。

3．主要中间件的分类

基于目的和实现机制的不同，中间件主要分为以下几类：远程过程调用，面向消息的中间件，对象请求代理和事务处理监控。

1）远程过程调用（Remote Procedure Call，RPC）

一个应用程序使用 RPC 执行一个远程的过程，但从效果上看和执行本地调用相同。一个 RPC 应用分为 Server 和 Client 两个部分。Server 提供远程过程；Client 向 Server 发出远程调用。Server 和 Client 可以在不同的计算机上，也可以运行在不同的操作系统上，它们通过网络进行通信。RPC 也有一定的局限性：RPC 需要定位 Server；Client 发出请求时，Server 必须是活动的等。

2）面向消息的中间件（Message-Oriented Middleware，MOM）

MOM 指的是利用消息传递机制和消息排队模型进行平台无关的数据交流，并基于数据通信来进行分布式系统的集成。消息传递和排队技术有以下三个主要特点：

（1）运行程序将消息放入消息队列，不要求目标程序正在运行；即使目标程序正在运行，也需要立即处理该消息。

（2）通信程序可以是一对一的关系，还可以是一对多和多对一方式，甚至是上述多种方式的组合。

（3）程序之间不直接通话，而是通过将消息放入消息队列或从消息队列中取出消息来进行通信，它们不涉及网络通信的复杂性。

3）对象请求代理（Object Request Brokers，ORB）

分布对象计算是对象技术与分布式计算技术的结合。ORB 是对象管理集团 OMG 推出的对象管理结构（Object Management Architecture，OMA）模型的核心组件。它的作用在于提供一个通信框架，在异构的分布计算环境中传递对象请求。CORBA 规范包括了 ORB 的所有标准接口。

ORB 是建立对象之间 Client/Server 关系的中间件，使得对象可以向其他对象发出请求或接收其他对象的响应。ORB 获取 Client 对象的调用请求，负责找到可以实现请求的 Server 对象、传送参数、调用相应方法、返回结果等。Client 对象不知道同 Server 对象通信或存储 Server 对象的机制，也不必知道 Server 对象的位置、实现时采用的语言、使用的操作系统。

ORB 负责对象请求的传送和 Server 的管理，Client 和 Server 之间并不直接连接，因此，与 RPC 所支持的 Client/Server 结构相比，ORB 可以支持更加复杂的结构。

4）事务处理监控（Transaction Processing Monitors）

事务处理监控在 Client 和 Server 之间，进行事务管理与协调、负载平衡、失败恢复等，以提高系统的整体性能。它可以看做是事务处理应用程序的"操作系统"，具有以下功能：

（1）进程管理，启动 Server 进程、为其分配任务、监控其执行并对负载进行平衡。

（2）事务管理，保证在其监控下的事务处理的原子性、一致性、独立性和持久性。

（3）通信管理，为 Client 和 Server 之间提供了多种通信机制，包括请求响应、会话、排队、订阅发布和广播等。

事务处理监控能够为大量的 Client 提供服务，比如火车订票系统。如果 Server 为每一个 Client 都分配所需要的资源的话，Server 将不堪重负。实际上，在同一时刻并不是所有的 Client 都需要请求服务，而一旦某个 Client 请求了服务，它希望得到快速的响应。事务处理监控在操作系统之上提供一组服务，对 Client 请求进行管理并为其分配相应的服务进程，使 Server 在有限的系统资源下能够高效地为大规模的客户提供服务。

4.7.2　分布式系统中的中间件

1．中间件与两层 C/S 体系结构风格

中间件最早是在数据库访问模型（即两层 C/S 体系结构风格）基础上发展起来的。在两层应用模型中，一个"胖"客户直接访问"瘦"服务器数据库管理系统。SQL 标准提供了一种标准语言来访问数据库，由于各数据库厂商对 SQL 的不断扩展，这在一定程度上又阻碍了通用性的发挥。

随后出现了事实上的标准 ODBC（对象数据库连接），ODBC 就是一种数据库中间件，它使人们可以使用同一种语言方便地与不同的数据库进行交互操作，实现不同数据库只见安的数据传递与转换，如图 4-14 所示。

图 4-14　数据库中间件

2．中间件与多层 C/S 体系结构风格

由于两层的 C/S 体系结构存在缺点，提出了三层或多层分布式体系结构。在这种体系结构下，业务逻辑不放在客户端，而是从客户端中分离出来。于是，服务器和客户机之间增加了一个用于处理业务逻辑的中间层。

这种体系结构将应用服务单独放在业务逻辑层即中间层上，做成中间件，可以降低数据库服务器的负载，避免数据库服务器的性能缺陷对整个系统性能的影响。三层结构比两层体系结构在安全性、伸缩性和扩展性方面都有了很大的提高，如图 4-15 所示。

图 4-15　中间件与三层 C/S 体系结构风格

3．Web 环境中的中间件

中间件的产生和发展与 C/S 结构的发展是密切相关，正是由于 C/S 环境一直存在着操作系统、文件格式、通信协议等相互异构的问题，才使得中间件作为不同结点间协同工作的桥梁作用得以充分发挥。

基于 Web 技术的系统中，浏览器界面统一，超文本跨 Internet/Intranet 传输，异构系统结点面临的问题比 C/S 结构少，中间件的作用有所下降。所以，中间件主要与 Web 技术相结合，处理数据库服务和 Web 服务之间的连接，如图 4-16 所示。

图 4-16　Web 环境下的中间件

4．分布式系统中间件技术标准

随着分布式技术和面向对象技术的结合，产生了大量基于分布式对象中间件的模型。目前主要的分布式系统中间件技术标准有：Microsoft 的 COM/DCOM 技术、Sun 的 EJB 技术和 OMG 的 CORBA（公共对象请求代理体系结构）技术为代表的三种基于中间件技术的分布式模型框架。

1）EJB 技术规范

EJB（Enterprise Java Beans）是 J2EE 的核心技术之一，是建立基于 Java 的服务器端组件的标准。EJB 是以部件为基础框架，其中每个部件都是分布式对象，可以扩展，也可以适配在不同应用中使用。EJB 不局限于一种特定的操作系统，也不局限于任何一种特别的机构、服务器解决方案、中间件或者通信协议，是一种可复用的具有高度可移植性的组件。EJB 组件模型包含了 EJB 服务器、容器、Home 接口、Remote 接口等。EJB 2.0 规范定义了会话 Bean、实体 Bean 和消息驱动 Bean 三种不同的企业 Bean。从分布式计算的角度看，EJB 既提供了分布式技术的基础，又提供了对象间的通信手段。EJB 技术的特点如下：

（1）可移植性。EJB 规范颁布了一组明确的 EJB 容器和 EJB 组件之间的契约，保证了 EJB 组件在不同 EJB 服务器上可移植性。

（2）平台独立性。EJB 体系结构完全独立于任何特定的平台、协议和中间件等基础设施，一个平台上开发的应用程序不做修改就可以移植到另一平台。

（3）简化了分布式对象的开发、部署和访问。EJB 分布式对象的开发者只需按照 EJB 建立的契约和协议实现对象，整个开发和管理过程简单，降低了系统建设的成本、减少了开发周期。

2）CORBA 技术规范

CORBA 是 OMG 组织提出的公用对象请求代理程序结构技术规范。CORBA 易于集成各厂商的不同计算机，从大型机一直到微型内嵌式系统的终端桌面。

CORBA 的底层结构是基于面向对象模型的，由 OMG 接口描述语言（OMG Interface Definition Language，OMG IDL）、对象请求代理（Object Request Broker，ORB）和 IIOP 标准协议（Internet Inter-ORB Protocol）三个关键模块组成。

CORBA 使用接口描述语言编写对象接口，具有与语言无关的独立性。IDL 使所有 CORBA 对象以一种方式被描述，只需要一个由语言（C/C++或 Java）到 IDL 的"桥梁"。CORBA 对象的互通以对象请求代理为中介，可以在多种流行通信协议上实现。在 TCP/IP 上，不同开发商的 ORB 用 IIOP 标准协议进行通信。

CORBA 技术规范可以使面向对象软件在分布、异构环境下实现复用、可移植和互操作。

3）COM/DCOM 技术规范

COM（Component Object Model，组件对象模型）是 Microsoft 软件组件标准，COM 的体系结构包括统一数据传输、持久存储和智能命名、COM 核心等。

DCOM 是 COM 的分布式扩展，Microsoft 把 DCOM 作为开发 Internet 和组件的基础。当客户和组件位于不同机器时，DCOM 用 TCP/IP 等取代 COM 中的本地进程间通信 LRPC，支持位于 Internet 不同机器上的组件对象之间的相互通信。

COM/DCOM 技术具有以下特点：语言无关性，COM 规范的定义不依赖于特定语言；可复用性，COM 复用性是建立在组件对象的行为方式上的；位置透明性，组件从一台计算机转移到另一台计算机仅涉及重新配置的问题。

4）比较

中间件的目标就是掩盖底层的异构性，方便编程。因此，理想的中间件应该提供对多种程序设计语言的支持，有良好的跨平台能力，同时还具有网络透明性、位置透明性和访问透明性等特点。

支持跨平台能力是 CORBA 的一大特色。基于 CORBA 开发的应用，完全避免了底层平台的不一致所带来的问题，它支持 UNIX、OS/2 等众多平台。EJB 是依赖于 Java 语言的技术，由于 Java 的平台无关性，使得 EJB 可以运行在不同的开发平台上。COM/DCOM 仅实现了 32 位 Windows 操作系统平台，这使得跨平台支持带来了困难。

在语言支持方面，CORBA 一开始就设计了 IDL 转换标准语言，所以对于大多数面向对象的语言 CORBA 都支持。COM/DCOM 也具有语言无关性，只有 EJB 是基于 Java 语言的。

总之，三种中间件技术都有其优势，Java 由于平台无关性的优势显著，成为理想的 Internet 技术；而 Windows 平台的广泛使用也使 COM/DCOM 具有深厚的基础；OMG 组织在十几年来一直在为自己的组件软件建立标准，而且已被很多组织和公司采用。

第 5 章　MVC 风格与 Struts 框架

学习目标

- 理解 MVC 风格的原理
- 掌握 MVC 在 J2EE 技术中的应用
- 掌握 Struts 框架的原理和应用

　　MVC（Model-View-Controller）是指模型–视图–控制器，主要目的是实现软件系统的职能分工。Model 层实现系统的业务逻辑；View 层用于与用户的交互；Controller 层用于接收用户的输入并调用相应 Model 完成用户需求，以及确定相应 View 显示 Model 处理返回的数据。Struts 是基于 MVC 的 Java Web 框架，ActionMapping、ActionForward、Action、ActionServlet 及 ActionForm 等类构成了 Struts 框架的组件。

5.1　MVC 风格

5.1.1　MVC 风格概述

　　MVC 是交互式应用程序广泛使用的一种体系结构，可以按照模型、表达方式和行为等角色把一个应用系统的各个部分之间的耦合解脱、分割开来。它有效地在存储和展示数据的对象中区分功能模块以降低它们之间的连接度，这种体系结构将传统的输入、处理和输入模型转化为图形显示的用户交互模型以及多层次的 Web 商业应用。

　　软件体系结构风格是一个系统的高层次策略，涉及大尺度的组件以及整体性质和力学，它的好坏可以影响到总体布局和框架性结构。设计模式是中等尺度的结构策略，它实现了一些大尺度组件的行为和它们之间的关系，好坏不会影响到系统的总体布局和总体框架。MVC 风格与合成模式、策略模式、观察者模式联系比较密切，也涉及与以上三个模式有关的其他模式。合成模式与装饰模式、享元模式、迭代子模式、访问者模式相关；策略模式与享元模式相关；观察者模式与调停者模式、单例模式相关。

　　MVC 风格将交互式应用划分为三种组件。

　　（1）模型负责表达和访问商业数据，执行商业逻辑和操作。这一层就是现实生活中功能的软件模拟；在模型层变化的时候，它将通知视图层并提供后者访问自身状态的能力，同时控制层也可以访问其功能函数以完成相关的任务。

　　（2）视图代表用户交互界面。视图的处理仅限于视图上数据的采集和处理，以及用户的请求，而不包括业务流程的处理，该部分由模型处理。视图层负责显示模型层的内容，它从模型层取得数据并指定这些数据如何被显示出来。在模型层变化的时候，它将自动更新。另外，视图层也会将用户的输入传送给控制器。一个模型端可以有几个视图端，并且可以在需要的时候动态地登记所需视图。当用户通过任何一个视图修改数据时，所有的视图都会按照新数据更新自己。

（3）控制器接收用户的输入并调用模型和视图去完成用户的需求。例如，当单击 Web 页面中的超链接和发送 HTML 表单时，控制器只是接收请求并决定调用哪个模型构件去处理请求，然后确定用哪个视图来显示模型处理返回的数据。

模型、视图与控制器的分离，使得一个模型可以具有多个显示视图。如果用户通过某个视图的控制器改变了模型的数据，所有其他依赖于这些数据的视图都应反映到这些变化。因此，无论何时发生了何种数据变化，控制器都会将变化通知所有的视图，导致显示的更新。MVC 风格的基本原理结构如图 5-1 所示。

图 5-1　MVC 基本原理

MVC 风格的优点包括将各方面问题分解开来考虑，简化了系统设计，保证了系统的可扩展性；改变界面不影响应用程序的功能内核，使得系统易于演化开发，可维护性好；重用性高，多个视图能够共享一个模型，将数据和业务规则从表示层分开，可以最大化重用代码。

MVC 风格的缺点是增加了系统结构和实现的复杂性，对于简单的界面严格遵循 MVC 使模型、视图与控制器分离，会增加结构的复杂性，并可能产生过多的更新操作，降低运行效率。

5.1.2　MVC 在 J2EE 中的应用

1. JSP 模型

Sun 公司以 Java Servlet 为基础，推出了 Java Server Page。当一个客户请求一个 JSP 页面时，JSP 引擎根据 JSP 页面生成一个 Java 文件，即一个 Servlet。

用 JSP 支持 JavaBeans 这一特点，可以有效地管理页面的静态部分和动态部分。另外，也可以在一个 JSP 页面中调用一个 Servlet 完成动态数据的处理，而让 JSP 页面本身处理静态的信息。因此，开发一个 Web 应用有两种模式可以选择：① JSP+JavaBeans；② JSP+JavaBeans+Servlet。

1）JSP 模型一的架构

模型一又称以 JSP 为中心的设计模型，其架构如图 5-2 所示。

JSP 负责与客户端通信，处理所有的请求和答复。数据库的存取直接可以由 JSP 完成，也可以由 JavaBeans 完成。JavaBeans 也可以实现不同的 JSP 之间的通信。

（1）JSP 接到一个客户端请求并处理此请求。

（2）JSP 使用 JavaBeans 读取在 Session 对象中或 Application 对象中共享的状态信息，或是通过 JavaBeans 存取数据库中信息。JSP 也可以直接使用数据库中的信息，调用任何其他的 API。

（3）JSP 可将输出结果格式化为用户可阅读的形式，返还给客户端。

显示数据的逻辑和数据在这个模型中有了一定程度的区分，但是商务逻辑是和显示数据的逻辑混合在 JSP 里面，使两者无法独立演化。这是模型一的缺点，在模型二中得到了改进。

图 5-2　JSP 模型一的架构

2）JSP 模型二的架构

模型二又称做以 Servlet 为中心的设计模型。与模型一将商务逻辑和显示数据的逻辑混合在 JSP 里的方式不同，模型二将显示数据的逻辑与商务逻辑分割开来，从而使得系统的层次更加清楚，如图 5-3 所示。

图 5-3　JSP 模型二的架构

采用模型二，可以将页面显示、业务逻辑处理和流程控制很清晰地分离开。JSP 负责数据显示，JavaBeans 负责业务逻辑处理，Servlet 负责流程控制，三者各行其职。Web 应用程序使用 MVC 后，不仅实现了显示模板和功能模块的分离，同时还提高了 Web 应用系统的可维护性、可移植性、可扩展性和组件的可重用性。

（1）模型（Model）：业务逻辑处理模块，该角色通常由 JavaBeans 承担。当模型变化时，它会通知视图，并提供查询模型相应状态的能力。

（2）视图（View）：用户界面，该角色通常由 JSP 承担。为用户提供输入手段，并触发控制器（Controller）运行，然后通过模型（Model）获取数据，最终将数据展现给用户。

（3）控制器（Controller）：流程控制模块，该角色通常由 Servlet 承担。接收用户输入并调用相应模型完成用户需求，以及确定相应视图来显示模型处理返回的数据。

2．Servlet 工作原理

Servlet 由支持 Servlet 的服务器（Servlet 引擎）负责管理运行。当多个客户请求一个 Servlet 时，引擎为每个客户启动一个线程而不是启动一个进程，这些线程由 Servlet 引擎服务器来管理，与传统的 CGI 为每个客户启动一个进程相比较，效率要高得多。

1）Servlet 的生命周期

一个 Java Applet 是 java.applet.Applet 类的子类，该子类的对象由客户端的浏览器负责初始化和运行。Servlet 的运行机制和 Applet 类似，只不过它运行在服务器端。一个 Servlet 是 javax.servlet 包中 HttpServlet 类的子类，由支持 Servlet 的服务器完成该子类的对象，即 Servlet 的初始化。

Servlet 的生命周期主要由下列三个过程组成：① 初始化 Servlet。Servlet 第一次被请求加载时，服务器初始化这个 Servlet，即创建一个 Servlet 对象，这对象调用 init()方法完成必要的初始化工作。② Servlet 对象再调用 service()方法响应客户的请求。③ 当服务器关闭时，调用 destroy()方法，消灭 Servlet 对象。

init()方法只被调用一次，即在 Servlet 第一次被请求加载时调用该方法。当后续的客户请求 Servlet 服务时，Web 服务将启动一个新的线程，在该线程中，Servlet 调用 service()方法响应客户的请求，也就是说，每个客户的每次请求都导致 service()方法被调用执行。

2）init()方法

HttpServlet 类中的方法，可以在 Servlet 中重写这个方法。方法描述：

```
public void init(ServletConfig config) throws ServletException
```

Servlet 第一次被请求加载时，服务器初始化一个 Servlet，即创建一个 Servlet 对象，这个对象调用 init()方法完成必要的初始化工作。该方法在执行时，Servlet 引擎会把一个 SevletConfig 类型的对象传递给 init()方法，这个对象就被保存在 Servlet 对象中，直到 Servlet 对象被消灭，这个 ServletConfig 对象负责向 Servlet 传递服务设置信息，如果传递失败就会发生 SeveletException，Servlet 就不能正常工作。当多个客户请求一个 Servlet 时，引擎为每个客户启动一个线程，那么 Servlet 类的成员变量被所有的线程共享。

3）service()方法

HttpServlet 类中的方法，可以在 Servlet 中直接继承该方法或重写这个方法。方法描述：

```
public void service(HttpServletRequest request, HttpServletResponse response)
throw ServletException, IOException
```

当 Servlet 成功创建和初始化之后，Servlet 就调用 service 方法来处理用户的请求并返回响应。Servlet 引擎将两个参数传递给该方法，一个 HttpServletRequest 类型的对象，该对象封装了用户的请求信息，此对象调用相应的方法可以获取封装的信息，即使用这个对象可以获取用户提交的信息。另外一个参数对象是 HttpServletResponse 类型的对象，该对象用来响应用户的请求。和 init()方法不同的是，init()方法只被调用一次，而 service()方法可能被多次的调用，当后续的客户请求 Servlet 服务时，Servlet 引擎将启动一个新的线程，在该线程中，Servlet 调用 service()方法响应客户的请求，也就是说，每个客户的每次请求都导致 service()方法被调用执行，调用过程运行在不同的线程中，互不干扰。

4）destroy()方法

HttpServlet 类中的方法，Servlet 可直接继承这个方法，一般不需要重写。方法描述：

```
public destroy()
```

当 Servlet 引擎终止服务时（如关闭服务器），执行 destroy()方法，使 Servlet 对象消亡。

5.1.3 实例

运用 MVC 实现网站的登录功能。

（1）web.xml 的内容。

```
<?xml version="1.0" encoding="UTF-8"?>
<web-app version="2.5" xmlns=http://java.sun.com/xml/ns/javaee
```

```
xmlns:xsi=http://www.w3.org/2001/XMLSchema-instance
xsi:schemaLocation="http://java.sun.com/xml/ns/javaee
http://java.sun.com/xml/ns/javaee/web-app_2_5.xsd">
<servlet>
  <description>配置用户登录的 servlet</description>
  <display-name>loginservlet</display-name>
  <servlet-name>loginservlet</servlet-name>
  <servlet-class>servlet.loginservlet</servlet-class>
</servlet>
<servlet-mapping>
  <servlet-name>loginservlet</servlet-name>
  <url-pattern>/loginservlet</url-pattern>
</servlet-mapping>
</web-app>
```

（2）初始用户信息录入界面。

```
<%@page contentType="text/html" pageEncoding="UTF-8"%>
<html>
  <head>
    <meta http-equiv="Content-Type" content="text/html; charset=UTF-8">
    <title>Login Page</title>
  </head>
  <body>
    <form method="post" action="loginservlet">
     用户姓名: <input type="text" name="name"><br>
     用户密码: <input type="password" name="pwd"><br>
      <input type="submit" name="submit" value="确定">
    </form>
  </body>
</html>
```

（3）以 teacher 身份登录成功后显示的页面 teacher.jsp。

```
<%@page contentType="text/html" pageEncoding="UTF-8"%>
<html>
  <head>
    <meta http-equiv="Content-Type" content="text/html; charset=UTF-8">
    <title>Teacher Page</title>
  </head>
  <body>
    <h1>教师页面! </h1>
  </body>
</html>
```

（4）以 student 身份登录成功后显示的页面 student.jsp。

```
<%@page contentType="text/html" pageEncoding="UTF-8"%>
<html>
  <head>
    <meta http-equiv="Content-Type" content="text/html; charset=UTF-8">
    <title>Student Page</title>
  </head>
  <body>
    <h1>学生页面! </h1>
```

```
    </body>
  </html>
```

（5）出错界面 error.jsp。

```
<%@page contentType="text/html" pageEncoding="UTF-8"%>
<html>
  <body>
    <h1>输入有误! </h1>
  </body>
</html>
```

（6）控制器 loginservlet。

```java
package servlet;
import bean.*;
import javax.servlet.*;
import javax.servlet.http.*;
import java.io.*;
public class loginservlet extends HttpServlet{
  public void doPost(HttpServletRequest request, HttpServletResponse response)
  throws ServletException, IOException{
    String username=request.getParameter("name");
    String password=request.getParameter("pwd");

    userbean user=new userbean();
    user.setUsername(username);
    user.setPwd(password);
    if(user.login()){
      request.setAttribute("user",user);
      if(user.username.equals(user.user1)&& user.pwd.equals(user.password1))
        getServletConfig().getServletContext().getRequestDispatcher
        ("/teacher.jsp").forward(request,response);
      if (user.username.equals(user.user2)&& user.pwd.equals(user.password2))
        getServletConfig().getServletContext().getRequestDispatcher
         ("/student.jsp").forward(request,response);
    }else{
        getServletConfig().getServletContext().getRequestDispatcher
        ("/error.jsp").forward(request,response);
    }
  }
  public void doGet(HttpServletRequest request,HttpServletResponse response)
throws ServletException,IOException{
    doPost(request,response);
  }
}
```

（7）JavaBeans 模型 userbean。

```java
package bean;
public class userbean {
  public String user1="teacher";
  public String password1="teacher";
  public String user2="student";
  public String password2="student";
```

```
public String username="";
public String pwd="";

public void setUsername(String username) {
  this.username=username;
}
public String getUsername() {
  return this.username;
}
public void setPwd(String password) {
  this.pwd=password;
}
public String getPwd() {
  return this.pwd;
}
public boolean login() {
  boolean temp=false;
  if(username.equals(user1) && pwd.equals(password1)) {
    temp=true;
  }else if(username.equals(user2) && pwd.equals(password2)) {
    temp=true;
  }else {
    temp=false;
  }
  return temp;
}
}
```

5.2　Struts 框架

5.2.1　Struts 框架概述

1. 体系结构、框架与设计模式

体系结构是软件的骨架，是最重要的基础。体系结构涉及每一步骤，一般在获取需要的同时，就应开始分析软件的体系结构。体系结构一般是由各个大的功能模块组合成，然后描述各个部分的关系。

框架亦可称为应用架构，框架的一般定义是：在特定领域基于体系结构的可复用的设计。也可以认为框架是体系结构在特定领域下的应用。

框架不是软件体系结构。体系结构确定了系统整体结构、层次划分，不同部分之间的协作等设计考虑。框架比软件体系结构更具体，更偏重于技术实现。确定框架后，软件体系结构也随之确定，而对于同一软件体系结构（比如 MVC），可以通过多种框架来实现，如 Structs 框架就是 MVC 风格的一种 Java 实现。

而在框架之下就是设计模式，设计模式一般是应用在框架之中的，也可以说是对框架的补充。因为框架只是提供了一个环境，需要往里面填入更多的东西。无论是否应用了设计模式，都可以实现软件的功能，而正确应用设计模式，是对前人软件的设计或实现方法的一种继承，从而让软

件性能更加完善。

例如建造房子时，房子按功能可分为墙壁、地板、照明等模块，它们是按照哪种样式来组成的、房子是四方的还是圆形的等问题，就是房子的体系结构问题。在体系结构之下，可以把框架应用在每个模块中，墙壁可以包括窗户、门等，窗户和门的组成的就是一种框架。而窗户存在形状的或者大小的问题，挑选什么样的窗户就是设计模式。

目前比较成熟的 MVC 实现框架有 Struts、Maverick、WebWork 和 Turbine 等。

（1）Struts 是 Apache 开源软件联盟（www.apache.org）提供的一套用于构建 Java Web 应用程序的框架。它的目标是分离 Web 程序的表示层、控制层和业务逻辑层，即实现 MVC，使程序员将更多精力投放在业务逻辑层的程序设计上，而不是底层的 Web 基础框架上。

Struts 提供了自己的控制器组件，并可以融合许多先进的技术来提供后台模型与前端视图。对后台模型来说，Struts 可以与 JDBC 技术和 EJB 技术集成，或者与一些优秀的第三方软件包交互，如 Hibernate；在视图方面，Struts 使用了 JSP 技术，并可将标记库技术、JSP 技术、Velocity 模板和 XSLT 技术等同时用于表示层。

（2）Maverick。也是一个基于 MVC 的 Web 框架。与 Struts 相比，Maverick 提供了一个更加灵活的轻量级 Web 框架。其核心层设计简洁、功能强大、可扩展性强，而且其最大的好处是可以采用多种模板和转换技术实现表示层逻辑，如 JSP、Velocity 或 XSLT。

（3）WebWork。一个开放源代码的 Web 应用框架，目的在于简化 Web 应用开发。它相当于 Struts 的一个轻量级版本，其功能和架构与 Struts 非常相像。

（4）Turbine。也是一个 MVC 的 Java Web 框架，与 Struts 的不同是，它的设计思路决定了它是一个 Web 应用的完整解决方案。Struts 其实只是很好地解决了 MVC 中 V 和 C 的部分，也就是视图和控制器部分，对于后台业务模型部分并没有做太多的规定，而是留给用户自己处理。Turbine则在这方面做出了许多改变，它使用了 Torque 和 Peers 进行数据层的管理，更好地实现了模型部分。另外，它还可使用 Velocity 或 XSLT 等作为表示层工具，使表示的功能更加强大。

2. Struts 软件包

（1）下载和安装。Struts 是 Apache Jakarta 项目于 2001 年推出的一个开源 Java Web 框架，它很好地实现了 MVC（模型、视图和控制器）。通过一个配置文件，它把各个层面的应用组件联系起来，使组件在程序层面上联系较少，耦合度较低，这就大大提高了应用程序的可维护性和可扩展性。因此，Struts 一经推出，立刻受到了业界的追捧。它的核心框架 API 包含在 Struts 软件包中。因此，要使用 Struts 构建 Java Web 应用程序，首先要从 Apache 网站下载 Struts 的软件包，下载后解压缩并放到指定目录中。

（2）Struts 软件包的组成。Struts 框架大约由 300 个 Java 类组成，分为 config、action、actions、tiles、upload、taglib、util 和 validator 八个核心包。表 5-1 列出了这些核心包，并对它们的用途做了简单的说明。

3. Struts 的基本原理

Struts 是一个开源的、基于 MVC 的 Java Web 框架。它定义了标签库实现视图层，创建了一个内在的 Servlet——ActionServlet 作为控制器，建立了 Action 类的对象实现业务逻辑。视图组件与业务逻辑组件的关系在 struts-config.xml 配置文件中声明。Struts 的工作原理如图 5-4 所示。

当 Struts 应用程序启动时，首先从 struts-config.xml 文件中读取相关信息。根据这些信息，控制器 ActionServlet 可以知道把视图中的请求转发给哪个业务逻辑组件处理。视图组件、控制器与业务逻辑组件之间没有代码上的联系，它们之间的关系在 struts-config.xml 中声明，这样就保证了 Web 应用程序的可移植性和可维护性，因而受到业界的认可，成为主流的 Java Web 应用框架。

Struts 的核心 API 构成了 Struts 框架中的控制器组件、视图组件和模型组件，包括 Action、ActionServlet、ActionForm、ActionMapping 及 ActionForward 等。

表 5-1　Struts 框架中的核心包

包　　名	说　　　　明
action	包含控制器类（ActionForm 及 ActionMessages），以及其他几个必要的框架组件
actions	包含立即可用（out-of-box）的 Action 类，诸如 DispatchAction，允许应用程序使用或对它进行扩展
config	包括配置（configuration）类，可用来在内存中存储 Struts 配置文件的内容
taglib	包含标记处理器（tag handler）类，处理的对象是 Struts 标记库
tiles	包含 Tiles 框架所使用的类
upload	所包含的类允许用浏览器从本地文件系统上传或下载文件
util	包含整个框架都用得到的通用工具类
validator	包含 Struts 特有的扩展类，可供 Struts 部署验证器（Validator）时使用。实际的 Validator 类和接口独立于 Struts 之外，被放在 commons 包中

图 5-4　Struts 的工作原理

5.2.2　Struts 框架的组件

1．Struts 配置文件 struts-config.xml

Struts 配置文件 struts-config.xml 是整个 Struts 应用程序的枢纽，Struts 应用的各个组件及其关系均在该文件中声明。该文件主要包含 <form-beans> 和 <action-mappings> 等元素，用以对 ActionForm 和 Action 等对象进行声明。下面是一个简单的 struts-config. xml 示例。

```
<?xml version="1.0" encoding="UTF-8"?>
<!DOCTYPE struts-config PUBLIC "-//Apache Software Foundation
//DTD Struts Configuration 1.0//EN"
"http://jakarta.apache.org/struts/dtds/struts-config_1_0.dtd">
<struts-config>
```

```
<form-beans>
  <form-bean name="loginActionForm" type="login.loginActionForm" />
</form-beans>
<action-mappings>
  <action name="loginActionForm" type="login.loginAction"
     validate="false" input="/login.jsp" scope="request" path="/loginAction" >
     <forward name="Success" path="/main.jsp"/>
     <forward name="Fail" path="/register.jsp"/>
  </action>
</action-mappings>
</struts-config>
```

2. 控制器组件

MVC 应用程序中的控制器组件的责任主要包括从客户端接收输入数据、调用业务操作，以及决定返回给客户何种视图。

采用 JSP Model 2 的方式构建应用程序时，控制器是由 Java Servlet 来实现的。这个 Servlet 是控制 Web 应用程序的关键，Servlet 会把用户的动作映射到各种业务操作，然后再根据请求和其他状态信息来选择要返回何种视图给客户。对于 Struts 框架而言，控制器的各项功能是由 ActionServlet、ActionMapping、ActionForward 和 Action 等多个不同的组件来实现。

1）Struts 的 ActionServlet 类

ActionServlet 类是 Struts 的核心控制器，扩展了 javax.servlet.http.HttpServlet 类，把 HTTP 消息打包起来并传送到框架中合适的处理器。ActionServlet 类不是抽象类，应用程序可把它作为具体的控制器来使用。Struts 框架 1.1 版中引入了类 org.apache.struts.action. RequestProcessor 为控制器处理请求。把请求的处理责任从 ActionServlet 分离出来，用户有了灵活性，可以继承 RequestProcessor 类，编写自己的子类，并修改请求的处理方式。

与任何 Java Servlet 一样，Struts 的 ActionServlet 必须在 Web 应用程序所使用的部署描述文件 web.xml 中配置。一旦控制器收到客户请求，便会把这个请求的处理委托给 org.apache. struts.action.Action 类的子类，执行跟请求动作有关的业务操作。

2）Action 类

Struts 框架的 org.apache.struts.action.Action 类是控制器组件的一个扩展，把用户的动作与一个业务操作连接起来。Action 类可以使用户请求和业务模型松散耦合，让用户请求和 Action 类之间不局限于一对一的对应关系。Action 类在调用业务操作之前，也可以完成认证、日志记录和会话验证等其他功能。

Struts 的 Action 类包含了多个方法，其中最重要的是 execute()方法，如下所示：

```
public ActionForward execute(ActionMapping mapping, ActionForm form,
HttpServletRequest request, HttpServletResponse response) throws Exception;
```

当控制器收到来自用户的请求后调用 execute()方法。如果 Action 类的实例不存在，控制器就会创建一个 Action 类的实例。Struts 框架只在应用程序中为每个 Action 类创建一个实例，因为所有的用户都只有同一个实例，所以用户必须确保自己的 Action 类在多线程的环境中能够正确运行。

3）ActionMapping 类

当控制器收到一个请求时，它通过查看请求信息并使用一组动作映射（Action Mapping）来决定调用哪个 Action 实例。

动作映射是 Struts 配置文件 struts-config.xml 的一部分配置信息。这个配置文件会在 Struts 启动时加载到内存中，让 Struts 框架得以在运行时加以利用。该配置文件中每个 action 元素的信息在内存中都会被表示成 org.apache.struts.action.ActionMapping 类的实例。ActionMapping 对象包括了一个 path 属性，用来与外部请求的 URL 匹配。

4）ActionForward 类

ActionForward 类确定向客户返回什么视图。Action 类的 execute()方法的返回类型是 org.apache.struts.action.ActionForward 类。ActionForward 类所表示的是在 Action 完成之后，控制器要转交控制权的地方。此时不是在程序代码中指定实际的 JSP 页面，而是以声明的方式把某个动作的转发映射与 JSP 页面相关联，然后在整个应用程序中使用那个 ActionForward 对象。

动作转发（Action Forward）类似于动作映射，也是在 Struts 配置文件 struts-config.xml 中指定的。例如以下转发就是针对注销（logout）动作映射而指定的：

```
<action path ="/logout" type="login.LogoutAction" scope = "request">
    <forward name="OK" path="/login.jsp" redirect="true"/>
</action>
```

注销动作声明了一个 forward 元素，取名为"OK"，它把页面转发到"/login.jsp"页面。在此指定了 redirect 属性并将其设置为"true"，也就是并非使用 RequestDispatcher 完成转发，而是会重定向请求。

3. 视图组件

Struts 应用程序中常见的视图组件有 JSP 页面、ActionForm、Struts 标记、Java 资源包。

1）ActionForm 类

ActionForm 也称 form bean，Struts 框架的 ActionForm 对象用来在用户和业务层之间传输用户的输入数据。Struts 框架自动从请求中收集输入数据，再将这些数据交给一个使用 form bean 的 Action 对象，接着 form bean 可以再交给业务层。下面是 Struts 框架处理每个请求相应的 ActionForm 对象的步骤：

（1）检查该项动作的相应映射，查看是否已经有某个 ActionForm 得到配置；

（2）如果对应这个动作配置了某个 ActionForm，则使用 action 元素中的 name 属性来查找 form bean 的配置信息；

（3）查看是否已经创建了 ActionForm 的一个实例；

（4）如果在适当的作用域内已经存在一个 ActionForm 实例，而且这个实例的类型正是这个新请求所需要的类型，则复用这个实例；

（5）如果并没有 ActionForm 实例在适当作用域内，则创建所需 ActionForm 的一个新实例，并存储在适当的作用域（由 action 元素的 scope 属性设置）；

（6）调用 ActionForm 实例的 reset()方法；

（7）反复处理请求参数，如果参数名在 ActionForm 实例中具有对应的设置方法（Setter Method），就为它填上该请求参数的值；

（8）最后，如果 validate 属性的值设置为 true，则调用 ActionForm 实例的 validate()方法，并返回所出现的任何错误。

如果 HTML 页面表单数据是以 POST 方法传输的，就使用 ActionForm。只要 HTML 字段能和 ActionForm 对象的属性匹配，必要时相同的 ActionForm 可以同时给多个页面使用。

ActionForm 类实现了多个方法，最重要的两个方法是 reset()和 validate()：

```
public void reset(ActionMapping mapping, HttpServletRequest request);
public ActionErrors validate(ActionMapping mapping, HttpServletRequest
request);
```

这两个方法的默认实现是不完成任何默认的逻辑。用户必须在自己的 ActionForm 类中覆盖这两个方法。以下代码是一个简单的 ActionForm 示例。

```
import org.apache.struts.action.*;
import javax.servlet.http.*;
public class loginActionForm extends ActionForm {
  private String username;
  public String getUsername(){
    return username;
  }
  public void setUsername(String username){
  this.username=username;
  }
  public ActionErrors validate(ActionMapping actionMapping,
                               HttpServletRequest httpServletRequest){
    return null;
  }
  public void reset(ActionMapping actionMapping,
                    HttpServletRequest httpServletRequest){
  }
}
```

因为 form bean 实例可能会由多个请求共享或者由好几个不同线程所访问，控制器在把请求中的表单数据填入 ActionForm 实例之前，可以调用 reset()方法将 ActionForm 的性质重新设置回原来的默认状态。如果好几页共享一个 ActionForm 实例，不必实现 reset()方法，这样只要还在用这个实例，属性的值就不会被重新设置。另一种做法就是实现用户自己的 resetFields()方法，在成功更新业务后，从这个 Action 类来调用此方法。

当请求中所携带的数据插入到 ActionForm 实例后，控制器会调用 validate()方法，对输入数据完成必要的验证工作后，向控制器返回检测到的错误。业务逻辑验证应该在业务对象中而不是在 ActionForm 中来完成，在 ActionForm 中所进行的验证工作只是表示层的验证。

DynaActionForm 类可以配置给动作映射，自动处理从 HTML 表单传递给这个 Action 对象的数据。

2）Struts 标记库

Struts 框架提供了 HTML 标记库、Bean 标记库、Logic 标记库、Nested 标记库、Template 标记库，以及 Tiles 标记库六个核心标记库，供用户的应用程序使用。每个标记库有不同的用途，可以单独使用，也可以互相搭配使用。

在应用程序中使用这些标记库前，先在 web.xml 文件中向 Web 应用程序注册这些标记库。用户只需注册准备在应用程序中使用的标记库就行，例如使用 HTML 标记库必须把下列代码段加进 Web 应用程序的部署描述文件 web.xml 中：

```
<taglib>
  <taglib-uri>/WEB-INF/struts-html.tld</taglib-uri>
  <taglib-location>/WEB-INF/struts-html.tld</taglib-location>
</taglib>
```

下一步是创建 JSP 页面，然后根据页面所需要的标记库，引入必要的 taglib 元素：

```
<%@ taglib uri=" /WEB-INF/struts-html.tld" prefix="html"%>
```

完成上述步骤之后，再把所需要的 JAR 文件放进 Web 应用程序的 CLASSPATH，即/WEB-INF 目录下，这样就可以在 JSP 页面中使用这些 Struts 自定义的标记了。

3）使用消息资源包

Java 有一些内置的功能可帮助支持国际化，Struts 可利用这些功能来提供更多的支持，快速而有效地让 Web 应用程序用于不同的自然语言环境下。

Java 库中有一组类允许从 Java 类或属性文件 properties file 中读取消息资源。这组类中的核心类是 java.util.ResourceBundle。Struts 框架也提供了一组类似的类，基类是 org.apache.struts.util. MessageResources 类。

Struts 应用程序支持的每种语言都必须提供一个相应的资源包。类名或属性文件名都必须遵循 Java 文档（JavaDocs）对 java.util.ResourceBundle 类所给出的原则来命名。例如，下面的代码是登录系统的一个资源文件。它定义了一些标题、按钮和图像的"键-值"对。可以通过"键"，来获得其对应的"值"。

```
#页面标题
title.login=Login
#按钮标签
label.button.login=Login
#图像
image.logo=image/logo.gif
image.logo.alt=Struts Online Login
```

下面代码使用 title.login 键，将值插到页面中的 HTML title 标记中间：

```
<title><bean:message key="title.login"/></title>
```

当这个 HTML 页面运行时，title.login 对应的值 Login 从该资源文件读取出来，然后在该页面的标题处显示出来。

可以定义多个 MessageResource 把不同类型的资源放进单独的资源包里，例如可以把某个应用程序的图像资源存储在一个资源包里，而把其余资源存放在另一个资源包里。

4．模型组件

Struts 框架在模型组件上没有太多支持，Struts 模型组件可使用 JavaBeans 或 EJB（Enterprise JavaBeans）。

5.2.3 实例

下面的例子运用 Struts 框架实现登录的基本功能。

1．创建视图组件

分别创建登录页面 login.jsp、成功页面 right.jsp 和失败页面 error.jsp。

（1）login.jsp 的主要代码如下：

```
<%@ page contentType="text/html;charset=GBK" language="java" %>
<body vLink="#006666" link="#003366" bgColor="#E0F0F8">
<img height="33" src="enter.gif" width="148">
<form action="login.do" method="post">
    用户名: <input size="15" name="name"><p>
    密  码: <input type="password" size="15" name="psw"><p>
```

```
      <input type="submit" value="登录">
</form>
```

（2）right.jsp 的主要代码如下：

```
<%@ page contentType="text/html;charset=GBK" language="java" %>
<%@ page import="classmate.*" %>
<%
  UserForm formBean1=(UserForm)request.getAttribute("formBean1");
  if(formBean1!=null && formBean1.getName()!=null){
%>
<h1><img src="smile.gif">
热烈的欢迎您,
<%=formBean1.getName()%> 同学!
<%
  }else{
%>
您无权访问本页面!
<%}
%>
</h1><br>
<a href="login.jsp">重新登录</a>
```

（3）error.jsp 的主要代码如下：

```
<%@ page contentType="text/html;charset=GBK" language="java" %>
<h1><p><img src="cry.gif">对不起,登录失败!
</p></h1>
<a href="login.jsp">重新登录</a>
```

2. 创建模型组件

```
package classmate;
public class User {
  private String username;//用户名
  private String psw;       //密码
  //生成 set 和 get 的属性方法
  public String getPsw() {
    return psw;
  }
  public void setPsw(String psw) {
    this.psw=psw;
  }
  public String getUsername() {
    return username;
  }
  public void setUsername(String username) {
    this.username=username;
  }
  //检查用户是否合法的方法
  public static boolean checkUser(String username,String psw)throws Exception{
    boolean tag=false;
    if (username.equals("admin")&&psw.equals("admin")){
      tag=true;
    }
```

```
      return tag;
   }
}
```

3．创建控制器组件

（1）将 Struts 解压包目录下的所有.jar 文件全部复制到新建项目的 web-inf 文件夹的 lib 子文件夹下。

（2）创建 UserForm.java（ActionForm Servlet）。UserForm.java 的主要代码如下：

```
package classmate;
import org.apache.struts.action.ActionForm;

public class UserForm extends ActionForm{
  private String name=null; //用户名
  private String psw=null;  //密码
  public UserForm(){}
  public void setName(String name) {
     this.name=name;
  }
  public String getName() {
     return name;
  }
  public void setPsw(String psw) {
     this.psw=psw;
  }
  public String getPsw() {
     return psw;
  }
}
```

（3）创建 LoginAction.java（Action Servlet）。LoginAction.java 的主要代码如下：

```
package classmate;
import javax.servlet.http.HttpServletRequest;
import javax.servlet.http.HttpServletResponse;
import org.apache.struts.action.Action;
import org.apache.struts.action.ActionForm;
import org.apache.struts.action.ActionForward;
import org.apache.struts.action.ActionMapping;
public final class LoginAction extends Action{
  public ActionForward execute(ActionMapping mapping,ActionForm form,
     HttpServletRequest request, HttpServletResponse response) throws Exception {
  UserForm userform=(UserForm) form;
  String name=userform.getName();
  String psw=userform.getPsw();
  if (User.checkUser(name, psw)){
     return mapping.findForward("successed");
   }else{
     return mapping.findForward("failed");
   }
  }
}
```

4．创建配置文件 web.xml 和 struts-config.xml

（1）web.xml 的主要内容如下：

```xml
<?xml version="1.0" encoding="ISO-8859-1"?>
<!DOCTYPE web-app
  PUBLIC "-//Sun Microsystems, Inc.//DTD Web Application 2.3//EN"
  "http://java.sun.com/dtd/web-app_2_3.dtd">

<web-app>
  <!-- Action Servlet Configuration -->
  <servlet>
    <servlet-name>actionServlet</servlet-name>
    <servlet-class>org.apache.struts.action.ActionServlet</servlet-class>
  </servlet>

  <!-- Action Servlet Mapping -->
  <servlet-mapping>
    <servlet-name>actionServlet</servlet-name>
    <url-pattern>*.do</url-pattern>
  </servlet-mapping>

  <!-- The Welcome File List -->
  <welcome-file-list>
    <welcome-file>login.jsp</welcome-file>
  </welcome-file-list>
</web-app>
```

（2）struts-config.xml 的主要内容如下：

```xml
<?xml version="1.0" encoding="ISO-8859-1" ?>
<!DOCTYPE struts-config PUBLIC
  "-//Apache Software Foundation//DTD Struts Configuration 1.1//EN"
  "http://jakarta.apache.org/struts/dtds/struts-config_1_1.dtd">

<struts-config>
  <form-beans>
    <form-bean name="formBean1" type="classmate.UserForm"/>
  </form-beans>

  <global-forwards>
    <forward name="failed" path="/error.jsp"/>
    <forward name="successed" path="/right.jsp"/>
  </global-forwards>

  <action-mappings>
    <action path="/login" type="classmate.LoginAction" name="formBean1"
    scope="request" input="/login.jsp" />
    <action path="/regist" forward="/regist.jsp"/>
  </action-mappings>
</struts-config>
```

第6章 软件设计的目标

学习目标

- 理解软件设计的正确性、健壮性、高效性目标
- 掌握软件设计的可复用性目标
- 掌握软件设计的可维护性目标
- 了解软件设计度量、软件再工程和逆向工程

软件设计的最终目标是得到满足软件需求的、明确的、可行的、高质量的软件解决方案。软件设计的工作和结果要满足软件需求规格说明中提出的功能和性能要求；软件设计模型要易于理解，设计方案的实现过程中不需要再面对影响软件功能和质量的技术抉择或权衡；设计模型在可用的技术平台和资源条件下，采用预定的程序设计语言就可以完整地实现；设计模型不仅要给出功能需求的实现方案，该方案还要适应非功能需求，依照设计模型构造的软件产品，在正确性、有效性、可靠性和可修改性等方面要有良好的软件质量属性。

6.1 概　　述

6.1.1 基本概念

本章主要讲述软件设计的正确性、健壮性、可复用性、可维护性和高效性目标。

正确性指设计符合需求，代码按照要求执行。通常对给定的需求可能有多种正确的设计。

如果在出现错误时应用程序也能执行，那么设计是具有健壮性的；错误的种类有很多，用户在操作应用程序时会出现一些错误，软件开发者在设计和编码时也会犯一些错误。

可复用性是指可以将其方便地移植到其他应用中。

一个可维护性的设计意味着可以很容易地对其进行修改。

高效性有两个方面——时间效率和空间效率。

在进行软件设计时，首要目标是满足需求，同时还要满足需求中一些合理的变化。

极限程序设计的目标只是正确性，而可维护性及可复用性设计的目标是能适应未来许多需求变化。缺少经验的设计者进行可维护性设计会消耗一定的时间，比较费力，这正是进行极限编程时所要避免的，因此在极限设计中通常会避开可维护性的问题。另一方面，对于经验丰富的设计者而言，即使是在极限的环境下，进行合理的可维护性设计也不会花费太多的时间。不过，可维护性的设计会使代码行数增加，对于 PDA 这样的设备是个制约因素。

6.1.2 实例与分析

用 Java 语言实现一个计算器程序，输入两个数，相除得到结果。

```java
import java.io.*;
class Calculator{
  public static void main(String[] args) throws IOException{
    BufferedReader b=new BufferedReader(new InputStreamReader(System.in));
    System.out.print("请输入数字A: ");
    String A=b.readLine();        //思考如果输入错误怎么办？
    System.out.print ("请输入数字B: ");
    String B=b.readLine();
    int C=(new Integer(A)).intValue()/(new Integer(B)).intValue(); //B=0怎么办？
    System.out.println ("结果是: " + C);
  }
}
```

分析一下实现方法的特点和需要考虑的问题。

首先，要求的功能实现了，所以正确性是满足的。

其次，假如用户输入出错，系统将崩溃或出现不可预知的结果，所以健壮性存在问题。

第三，Calculator 类是专门为特殊的问题制定的，所以不能作为整体复用。所以，可复用性存在问题。

第五，要修改 Calculator 类比较困难。加一个减法功能，会发现增加功能需要修改原来的类，这就违背了开-闭原则。所以可维护性存在问题。

第四，执行速度怎样？需要多少内存？这是高效性的问题。应用程序要在真实的计算机上运行，并且被人们使用。而计算机的内存是有限的，同时用户也不愿意长时间等待应用程序完成操作。本程序较为简单，可不考虑这方面的内容。

6.2　健　壮　性

6.2.1 概念与实例

如果设计或实现能处理各种各样的异常情况，比如数据错误、用户错误、环境条件，那么这个设计是健壮的。为了提高健壮性，需要防止错误输入，包括用户输入，数据通信、其他应用程序的方法调用等非用户的输入；还要防止开发错误，包括错误的设计和错误的实现。

上小节程序的一种执行结果如下：

请输入数字A: 12
请输入数字B: 2
结果是: 6

B=0 时的执行结果如下，程序出错：

请输入数字A: 12
请输入数字B: 0
Exception in thread "main" java.lang.ArithmeticException: / by zero
        at Calculator.main(Calculator.java:9)

可以修改 Calculator 类的代码，当用户输入不合理的数据时，程序提示用户再次输入，程序仍然能够继续执行，得到健壮的交互方式。下面的程序具有了一定的健壮性。

```
import java.io.*;
import java.util.*;

class CommandLineCalculator {
  private int accumulatedValue=0;
  public CommandLineCalculator(){
    super();
  }
  private static String getAnInputFromUser() {
    try{
      BufferedReader b = new BufferedReader(new InputStreamReader(System.in));
      return (b.readLine());
    }catch( IOException e ){
      System.out.println(e+" Input taken to be a single blank." );
      return " ";
    }
  }
  public static void main( String[] args ){
    System.out.print("请输入数字 A: ");
    String A=getAnInputFromUser();
    System.out.print("请输入数字 B: ");
    String B=getAnInputFromUser();

    int amountAdded=0;
    while(!A.equals("stop")&!B.equals("stop")){
      try{
        int a=(new Integer(A)).intValue();    //a 不是整数时出错
        int b=(new Integer(B)).intValue();    //b 不是整数时出错
        int c=a/b;                            //b=0 时出错
        System.out.println ("结果是: " + c);
      }catch( Exception e ) {   // 输入的不是整数
        System.out.println( "Sorry -- incorrect entry: Try again." );
      }

      System.out.print("请输入数字 A: ");
      A=getAnInputFromUser();
      System.out.print("请输入数字 B: ");
      B=getAnInputFromUser();
    }
    System.out.println("Application ends." );
  }
}
```

程序执行结果如下：

请输入数字 A: 12
请输入数字 B: 0
Sorry -- incorrect entry: Try again.
请输入数字 A: 12
请输入数字 B: 6

```
结果是: 2
请输入数字 A: 12
请输入数字 B: stop
Application ends.
```

上面的代码比较健壮了。如果这个应用程序通过周期性地将数据保存到文件以避免应用和系统出现错误，那么程序将会更加健壮。如果以速度为代价，将数据发送到远端的存储器，那么还可以增加健壮性。

但是，上述程序只满足了当前的需求，程序不容易维护，不容易扩展，更不容易复用。

6.2.2　Java 异常处理机制

1．try-catch-finally

异常的处理是通过 try-catch-finally 语句实现的。其语法为：

```
try{
  可能出现异常的正常程序段;
}catch(ExceptionName1 e){      //catch(异常类 1 异常类的对象)
  与异常类 1 有关的处理程序段;
}catch(ExceptionName2 e){
  与异常类 2 有关的处理程序段;
}
...
}catch(ExceptionNamen e){
  与异常类 n 有关的处理程序段;
}finally{
  退出异常程序段;
}
```

在 try-catch-finally 语句结构中，catch 语句和 finally 语句是可选的，但是至少要有一个 catch 语句或 finally 语句。

（1）try 语句。捕获异常的第一步是用 try{...}选定捕获异常的范围，由 try 所限定的代码块中的语句，在执行过程中可能会生成异常对象（抛出异常）。这个 try 语句块用来启动 Java 的异常处理机制，可能抛出异常的语句，包括 throw 语句、调用可能抛出异常方法的方法调用语句，都应该包含在这个 try 语句块中。

（2）catch 捕捉异常。当一个异常被抛出时，应该有专门的语句来接收这个被抛出的异常对象，这个过程被称为捕捉异常。当一个异常类的对象被捕捉或接收后，用户程序就会发生流程的跳转，系统中止当前的流程而跳转至专门的异常处理语句块，或直接跳出当前程序和 Java 虚拟机回到操作系统。Java 语言规定，每个 catch 语句块都应该与一个 try 语句块相对应，每个 try 语句块也必须伴随一个或多个 catch 语句，用于处理 try 语句块中所生成的异常事件。catch 语句只需要一个形式参数，参数类型指明它能够捕获的异常类型，这个类必须是 Throwable 的子类，运行时系统通过参数值把被抛出的异常对象传递给 catch 块。

因此，在 Java 程序里，异常对象是依靠以 catch 语句为标志的异常处理语句块来捕捉和处理的。异常处理语句块又称为 catch 语句块。在 catch 块中是对异常对象进行处理的代码，与访问其他对象一样，可以访问一个异常对象的变量或调用它的方法。getMessage()是类 Throwable 所提供的方法，用来得到有关异常事件的信息，类 Throwable 还提供了方法 printStackTrace()用来跟踪异常事件发生时执行堆栈的内容。

（3）finally 语句。捕获异常的最后一步是通过 finally 语句为异常处理提供一个统一的出口，使得在控制流跳转到程序的其他部分以前，能够对程序的状态做统一管理。不论在 try 代码块中是否发生了异常事件，finally 块中的语句都会被执行。

2. 异常的抛出

在 Java 程序运行时如果出现一个可识别的错误，就会生成一个与该错误相对应的异常类的对象，并将其传递给 Java 运行系统，这个过程被称为异常的抛出。根据异常类的不同，抛出异常的方法也不同。

1）系统自动抛出的异常

系统定义的运行异常，均可由系统自动抛出。例如，程序运行中遇到了以 0 为除数的错误，系统自动抛出对应的算术异常 ArithmeticException，在屏幕上显示：

`java.lang.ArithmeticException`

这样的异常是系统预先定义好的类，对应系统是可识别的错误，所以 Java 编译器或 Java 虚拟机遇到这样的错误就会自动中止程序的执行流程，抛出对应的异常。

在 Java 的 Exception 类的子类中，RuntimeException 异常类代表了 Java 虚拟机在运行时所产生的异常，也是最易发生的、最普遍的异常，因此 Java 编译器不对它们处理，而是直接交给运行时的系统，否则影响程序的高效性。系统可以只是将其抛出而不做处理，必要时也可以用语句处理它。

其他 Exception 的子类，如 IOException 类和它的子类异常必须要进行处理，否则可能会带来意想不到的结果。

所有系统定义的编译和运行异常都可以由系统自动抛出，称标准异常，并且 Java 强烈地要求应用程序进行完整的异常处理，给用户友好的提示，并在修正后使程序继续执行。

2）语句抛出的异常

用户程序自定义的异常和应用程序特定的异常，是不可能依靠系统声明抛出异常和自动抛出异常的，而必须借助于 throws 和 throw 语句来定义抛出异常，并且确定何种情况算是产生了此种异常对应的错误和抛出这个异常类的新对象。

用 throws 声明抛出异常和用 throw 语句抛出异常对象的语法格式为：

```
修饰符 返回类型 方法名(参数列表) throws 异常类1, 异常类2,…{
  …
  throw 异常对象;
  …
}
```

（1）一般这种抛出异常的语句应该被定义为在满足一定条件时执行，如把 throw 语句放在 if 分支中，只有当 if 条件得到满足，即用户定义的逻辑错误发生时才执行。

（2）自定义被抛出的异常必须是 Throwable 类或其子类的实例。

（3）含有 throw 语句的方法应该在方法头定义中增加如下的部分：

`throws 声明抛出异常类名列表如：异常类1, 异常类2,…`

就是将几个 throw 语句可能抛出的异常，均集中列入 throws 中，并用逗号分隔开来。声明抛出异常类名列表，就使得异常对象可以依次向后查找，直到有合适的方法捕获它为止。

在系统不能识别和创建用户自定义的异常时，需要编程者在程序中的合适位置创建自定义异常的对象，并利用 throw 语句将这个新异常对象抛出。

6.3 可复用性

6.3.1 基本概念

一个好的设计应该易于修改和复用，这就需要考虑可维护性和复用性，本小节讨论复用性，下小节讨论可维护性。

所谓复用（或者称重用，Reuse），就是指一个软件的组成部分，可以在同一个项目的不同地方甚至另一个项目中重复使用。这是一种降低成本、获得最大生产率的方法。Java API 的应用就是复用的一个典型例子，Java API 就是可复用的类集合。

可以从代码、类、相关类的聚合（例如：java.awt 包）、类聚合模式——设计模式、组件、框架、软件体系结构等多个方面实现复用。

对于一个已经设计好的类，可以使用继承、聚合、依赖等技术实现复用。具体过程为，将新创建类直接说明为已经设计好的类（父类）的子类，通过继承和修改父类的属性与行为完成新创建类的定义；或者，在新创建类中引进已经设计好的类的对象作为新创建类的成员变量，然后在新创建类中通过成员变量复用已经设计好的类的属性和方法；或者，在新创建类中引进已经设计好的类的对象，作为新创建类中的方法的参数或返回类型。看下面的例子。

可以通过减少类的耦合来增加复用性。如果类 A 与类 B 耦合，没有类 B 就不可以使用类 A，这降低了类 A 的复用性。使用中介者（Mediator）设计模式会减少这种耦合。

6.3.2 实例

设有已经设计好的类——原始的 Customer 类如下所示：

```
class Customer{
  Customer(){
  }

  int Compute(){
    //……
    return 0;
  }
  //……
}
```

1. 利用继承实现复用

```
class SubCustomer extends Customer{
  SubCustomer(){
  }

  int ComputeSub(){
    int baseAmount=Compute(); //调用父类方法实现复用
    //……
    return baseAmount;
  }
  //……
}
```

2．利用聚合实现复用

```
class ObjCustomer{
  Customer customer=new Customer();  //创建 Customer 类的对象作为类的成员变量
  //……
  ObjCustomer(){
  }

  int ComputeObj(){
    int amount=customer.Compute();  //使用 Customer 类的对象实现复用
    //……
    return 0;
  }
}
```

3．利用依赖实现复用

```
class CustomerOper {
  //……
  boolean insert(Customer customer){ //使用 Customer 类的对象作为成员方法的参数
    int amount=customer.Compute();  //使用 Customer 类的对象实现复用
    //……
    return true;
  }
  //……
}
```

或者

```
class CreateCustomer {
  //……
  Customer loadCustomer(){
    Customer customer=new Customer();  //创建 Customer 类的对象
    //……
    return customer;
  }
  //……
}
```

6.4　可　维　护　性

6.4.1　基本概念

软件工程领域最大的挑战之一就是当应用程序已经完成时需求又改变了；当已经决定如何去做的时候，应用程序的目标却变化了。无论如何完善软件需求分析，需求仍然会在项目开发过程中发生变化。设计开始后最好能阻止客户改变需求，但这常常又不太可能。所以，软件设计要具有可维护性，在设计中通常要考虑到将来的变化。这样对于已完成的部分，设计师和程序员也更容易修改。总之，之所以进行灵活的设计，是因为变化是经常出现的。

需求发生改变主要体现在下面几方面，可维护性也体现在这几方面。

（1）增加更多同类型功能。例如在银行应用软件中，处理更多类型的账号而不用改变现存设计、不需修改已存在代码。

（2）增加新功能，例如在现有的存款功能上增加取款功能。

（3）修改功能，例如可以透支取款。

对于前面的计算机程序，为满足可维护性，可考虑重构程序，增加一个抽象的运算类。通过继承、多态等面向对象手段，隔离具体加法、减法与客户端的耦合。这样，需求仍然可以满足，还能应对变化。如果再要增加乘法、除法的功能，就不需要去更改加法、减法的类，而是增加乘法和除法子类即可。即面对需求，对程序的改动是通过增加新代码进行的，而不改变现有的代码。这就满足了开–封原则。

6.4.2　实例

1．基于面向对象技术的计算器程序

对于前面的计算器的例子，如果分一个类出来，让计算和显示分开，也就是让业务逻辑与界面逻辑分开，这样它们之间的耦合度就下降了，容易维护或扩展。分出来的代码如下：

```
class Operation{ //Operation运算类
  public int getResult(int numberA, int numberB){
    int result=0;
    if (numberB!=0)
      result=numberA/numberB;
    return result;
  }
}
```

客户端代码如下：

```
import java.io.*;
class client{
  public static void main(String[] args){
    int intNumberA=0, intNumberB=0;
    try{
      BufferedReader bufR = new BufferedReader(new InputStreamReader(System.in));
      System.out.print("请输入数字A: ");
      try{
        intNumberA=new Integer(bufR.readLine()).intValue();
      }catch(Exception e){
        System.out.println(e);
        System.exit(0);
      }
      System.out.print ("请输入数字B: ");
      try{
        intNumberB=new Integer(bufR.readLine()).intValue();
      }catch(Exception e){
        System.out.println(e);
        System.exit(0);
      }
      int intResult=0;
      intResult= new Operation().getResult(intNumberA, intNumberB);
      System.out.println ("结果是: " + intResult);
    }catch(Exception e){
      System.out.println(e);
```

```
    }
  }
}
```

程序执行结果为：

请输入数字 A: 12

请输入数字 B: 6

结果是: 2

上面的代码就完全把业务和界面分离了。面向对象三大特性是封装、继承和多态，这里用到的是封装。现在要写一个 Windows 界面的计算器应用程序，就可以复用这个 Operation 运算类了。该类也可应用于 Web 版程序和 PDA、手机等移动系统中。

但是如果希望增加加法运算，只能修改 Operation 类。加一个加法运算，已经写好的除法运算也需要参与编译，很难避免不小心把除法运算改成了减法。本来是加一个功能，却使得原有的运行良好的功能代码产生了变化。

应该把加减乘除等运算分离，修改其中一个不影响另外的几个，增加运算算法也不影响其他代码。这就要用到继承和多态。

```
interface Operation{
  public int getResult(int numberA, int numberB);
}
class OperationAdd implements Operation{
  public int getResult(int numberA, int numberB){
    return numberA + numberB;
  }
}
class OperationDiv implements Operation{
  public int getResult(int numberA, int numberB){
    int result=0;
    if (numberB!=0)
      result=numberA/numberB;
    else{
      System.out.println("除数不能为 0。");
      System.exit(0);
    }
    return result;
  }
}
class OperationSub implements Operation{
  public int getResult(int numberA, int numberB){
    return numberA - numberB;
  }
}
class OperationMul implements Operation{
  public int getResult(int numberA, int numberB){
    return numberA * numberB;
  }
}
```

运算接口中定义了 getResult()方法用于得到结果，它有两个参数用于计算器的操作数。加减乘除类都实现了运算接口，重写了 getResult()方法，这样修改任何一个算法，都不需要提供其他算法的代码。但是，现在的问题是如何确定使用加减乘除中哪一个类。

2. 基于简单工厂模式的计算器程序

现在的问题是如何实例化对象，到底实例化谁，将来会不会增加实例化的对象，比如增加求 M 的 N 次方的运算，这很容易变化。可以考虑用一个单独的类来做这个创造实例的过程，这就是工厂。简单运算工厂类如下：

```java
class OperationFactory{
  public Operation createOperate(char operate){
    Operation oper=null;
    switch (operate){
      case '+':
        oper=new OperationAdd();
        break;
      case '-':
        oper=new OperationSub();
        break;
      case '*':
        oper=new OperationMul();
        break;
      case '/':
        oper = new OperationDiv();
      break;
    }
    return oper;
  }
}
```

客户端代码如下：

```java
class clientSimpleFactory{
  public static void main(String[] args){
    Operation oper;
    oper=new OperationFactory().createOperate('+');
    int result=oper.getResult(1,2);
    System.out.println("result = "+result);
  }
}
```

这样只需输入运算符号，工厂就实例化出合适的对象，通过多态返回父类的方式实现了计算器结果。

命令行客户端代码如下：

```java
import java.io.*;
class clientSimpleFactory{
  public static void main(String[] args){
    int intNumberA=0, intNumberB=0;
    try{
      BufferedReader bufR = new BufferedReader( new InputStreamReader(System.in));
      System.out.print("请输入数字 A: ");
      try{
        intNumberA=new Integer(bufR.readLine()).intValue();
      }catch(Exception e){
```

```
        System.out.println(e);
        System.exit(0);
    }
    System.out.print("请输入数字 B: ");
    try{
        intNumberB=new Integer(bufR.readLine()).intValue();
    }catch(Exception e){
        System.out.println(e);
        System.exit(0);
    }
    Operation oper=new OperationFactory().createOperate('+');
    int result=oper.getResult(intNumberA, intNumberB);
    System.out.println("result = "+result);
    }catch(Exception e){
        System.out.println(e);
    }
    }
}
```

程序的执行结果如下：

请输入数字 A: 12

请输入数字 B: 3

result = 15

不管控制台程序、Windows 程序、Web 程序、PDA 还是手机程序，都可以用这段代码来实现计算器的功能。如果需要更改加法运算，只改 OperationAdd 即可。如果需要增加其他运算，比如 M 的 N 次方、平方根、立方根、自然对数、正弦余弦等，只要增加相应的运算子类即可。但是，还需要去修改运算类工厂，在 switch 中增加分支。如果要修改界面那可去改界面程序，与运算无关。

3. 基于工厂方法模式的计算器程序

上面简单工厂模式的最大优点在于工厂类中包含了必要的逻辑判断，根据客户端的选择条件动态实例化相关的类。对于客户端来说，去除了对具体产品的依赖。就像计算器，让客户端不用管该用哪个类的实例，只需把需要的功能给工厂，工厂自动就给出了相应实例，客户端直接进行运算操作即可，不同实例会实现不同运算。图 6-1 所示为简单工厂模式实现计算器程序的类图。

图 6-1　简单工厂模式实现计算器程序

在简单工厂里，如果现在需要增加其他运算，比如要加一个"求 M 的 N 次方"的功能，要先增加"求 M 的 N 次方"的功能类，再更改工厂方法。这需要给运算工厂类的方法里加"Case"的分支条件来做判断。这实际上是修改了原有的类，不但对扩展开放了，对修改也开放了，这样就违背了开-闭原则。采用工厂方法模式可以解决这个问题。其结构如图 6-2 所示。

工厂方法（Factory Method）模式定义一个用于创建对象的接口，让子类决定实例化哪一个类。先构建一个工厂接口。

图 6-2　工厂方法模式实现计算器程序

```
interface IFactory{
  Operation CreateOperation();
}
```

然后加减乘除各建一个具体工厂去实现这个接口。

```
class AddFactory implements IFactory{
  public Operation CreateOperation(){
    return new OperationAdd();
  }
}
class SubFactory implements IFactory {
  public Operation CreateOperation(){
    return new OperationSub();
  }
}
class MlFactory implements IFactory{
  public Operation CreateOperation(){
    return new OperationMul();
  }
}
class DivFactory implements IFactory{
  public Operation CreateOperation(){
    return new OperationDiv();
  }
}
```

客户端代码如下：

```
class clientSimpleFactory{
  public static void main(String[] args){
    IFactory operFactory=new AddFactory();
    Operation oper=operFactory.CreateOperation();
    int result=oper.getResult(intNumberA, intNumberB);
    System.out.println("result = "+result);
  }
}
```

命令行客户端代码如下：

```
import java.io.*;
class clientFactoryMethod{
  public static void main(String[] args){
    int intNumberA=0, intNumberB=0;
      try{
      BufferedReader bufR=new BufferedReader(new InputStreamReader(System.in));
        System.out.print("请输入数字A: ");
        try{
          intNumberA=new Integer(bufR.readLine()).intValue();
        }catch(Exception e){
          System.out.print(e);
          System.exit(0);
        }
        System.out.print ("请输入数字B: ");
        try{
          intNumberB=new Integer(bufR.readLine()).intValue();
       }catch(Exception e){
         System.out.println(e);
         System.exit(0);
       }
      IFactory operFactory=new AddFactory();
      Operation oper=operFactory.CreateOperation();
      int result=oper.getResult(intNumberA, intNumberB);
      System.out.println("result = "+result);
    }catch(Exception e){
      System.out.println(e);
    }
  }
}
```

程序的执行结果如下：

```
请输入数字A: 12
请输入数字B: 3
result = 15
```

根据依赖倒转原则，把工厂类抽象出一个接口，这个接口只有一个方法——创建抽象产品的工厂方法。然后，所有要生产具体类的工厂，实现这个接口。这样，一个简单工厂模式的工厂类，变成了一个工厂抽象接口和多个具体生成对象的工厂。要增加"求 M 的 N 次方"的功能时，只需要增加此功能的运算类和相应的工厂类，而不需要更改原有的工厂类。这样没有修改的变化，只是扩展的变化，完全符合了开-闭原则的精神。

工厂方法模式实现时，客户端需要决定实例化哪一个工厂来实现运算类，还是存在选择判断。即工厂方法模式把简单工厂模式的内部逻辑判断移到了客户端代码来进行。要增加功能，本来应该修改工厂类，而现在是修改客户端。但是一般情况下，修改客户端时，修改的工作量也很小，比起简单工厂模式也少得多。

工厂方法模式是简单工厂模式的进一步抽象和推广。由于使用了多态性，工厂方法模式保持了简单工厂模式封装对象创建过程的优点，克服了它违背开-闭原则的缺点。集中封装对象的创建，不需要做大的改动就可更换对象，降低了客户程序与产品对象的耦合。但工厂方法模式的缺点是由于每加一个产品，就需要加一个产品工厂的类，增加了很多类和方法，增加了额外的开发量和复杂性。

6.5 高 效 性

高效性的目标是利用可用的内存尽可能快地完成工作。高效性是从时间和空间两方面进行考虑的，最理想的是同时在时间和空间两方面实现高效性。而在实际情况中，二者通常相互制约，需要时空折中。

高效性有时和其他目标相矛盾，要考虑可维护性、可复用性、健壮性和正确性对高效性的影响。可以先按其他原则设计，以可维护性、可复用性等原则进行设计，再考虑效率问题，找出效率低的部分，有针对性地修改。也可以一开始就按效率原则进行设计，确认关键的效率需求，在整个阶段都按效率需求进行设计。还可以是以上两种方法的结合，在整个过程中都综合考虑高效性和其他目标，必要时折中考虑。

1. 设计效率

从简易性方面考虑，使用便捷的工具和语言会节约大量的设计时间，但程序员也失去了对这种系统使用的时空方面的控制。例如，为了方便程序员，数据库管理系统提供了大量的内置功能。但在早期军事计算中，数据库管理系统很少使用，原因就是缺少对时空效率方面的控制。随着数据库管理系统的发展，这种情况发生了改变，允许使用更多已有的工具。

如果考虑源代码的大小方面的因素，在降低开发、维护的成本的同时也会牺牲时空效率。

2. 执行效率——应用程序必须在指定的时间内完成特定的功能

航天控制系统等实时系统对执行速度要求最高，它要求在微秒级甚至更短的时间内完成所需的功能。对于非实时系统，执行速度也很重要。应用程序如果不能及时完成操作，用户会很快失去耐心。例如，如果网页打开过慢，那么等其完全打开时，用户早就不再关注它了。

可以从远程调用、循环、函数调用、对象创建等方面提高执行效率。

（1）处理循环问题。嵌套循环是算法分析的重点。如果有外部循环执行 10 000 次，内部循环执行 10 000 次的嵌套循环，那么整个内部操作总共完成了一亿次循环。

（2）消除远程调用。通过网络进行的远程调用会消耗大量的时间。远程调用操作花费的时间与网络的性能、调用的频率以及每次调用取回的信息量（数据量）有关。

代理（Proxy）设计模式可以避免不必要的函数调用，经常用于远程调用。

（3）消除函数调用。函数调用会降低时间效率，特别是在循环语句中对函数进行调用。如果被调用的函数中隐含着的内部循环，会对效率产生影响。

消除函数调用，会提高代码效率，但降低了可读性。因为减少函数调用，会产生大量的方法和类，难于扩展和复用。

3．存储效率——对内存容量或硬盘空间有一定的要求

一般有运行时 RAM 大小、代码本身规模和磁盘等辅助存储器大小三种存储问题。获得存储效率可以采取下面的措施：

（1）只存储需要的数据，这要在存储效率与数据提取及重整时间之间进行折中。

（2）压缩数据，这要在存储效率与数据压缩及解压缩时间之间进行折中。

（3）按相关访问频率存储数据，这要在存储效率与决定存储位置的时间之间进行折中。

6.6 软件设计度量、软件再工程和逆向工程

面向对象软件质量的度量重点在于对类的分析上。对类的分析过程中，应从类的耦合、内聚度、继承性、复杂度等几个方面考虑，采用多个视角分析一个类的特点。如果一个类作用于其他类，比如一个类的方法使用了另一个类的方法或实例，称为耦合。内聚度量是一个模块内部各成分之间相互关联的程度。继承度指标中继承树的深度、类到叶子的深度是有关继承树纵向深度的度量。方法的数量和它们的复杂性是对实现和测试类所需要的工作量的合理指标，方法数量越多，继承树也越复杂。

软件再工程是指对既存对象系统进行调查，并将其重构为新形式代码的开发过程。最大限度地复用既存系统的各种资源是再工程的最重要特点之一。从软件复用方法学来说，如何开发可复用软件和如何构造采用可复用软件的系统体系结构是两个最关键的问题。不过对再工程来说前者很大部分内容，是对既存系统中非可复用组件的改造。

软件逆向工程（Software Reverse Engineering）是指分析软件系统，确定其构成成分及各成分间的关系，提取并生成系统抽象和设计信息的工程。

第 7 章　软件设计——面向对象方法

学习目标

- 掌握问题域部分的设计
- 掌握人机交互部分的设计
- 掌握数据管理部分的设计
- 掌握控制驱动（任务管理）部分的设计

面向对象分析是获取用户需求，对问题域进行分析并建立问题域概念模型的过程。而面向对象设计则是从计算机技术的角度，将分析阶段得到的概念模型转换成软件系统的技术实现方案，并在功能、性能及成本方面满足用户和质量要求的过程。面向对象设计是一个将问题空间中的面向对象模型转换为求解空间中的技术实现模型的过程。从面向对象分析到面向对象设计，是一个逐渐扩充模型的过程。面向对象设计主要包括问题域部分的设计、人机交互部分的设计、数据管理部分的设计和控制驱动（任务管理）部分的设计。

7.1　问题域部分的设计

面向对象分析和面向对象设计是有明显区别的，但实际的软件开发过程中两者的界限却是模糊的。许多分析结果可以直接映射成设计结果，而在设计过程中又往往会加深和补充对系统需求的理解，从而进一步完善分析结果。因此，分析和设计是一个多次反复迭代的过程。

面向对象设计从技术实现角度，对面向对象分析所得出的问题域模型作补充或修改，主要是增添、合并或分解类与对象、属性及服务，调整继承关系等。如果在面向对象分析过程中已经对系统作了相当仔细的分析，而且假设所使用的实现环境能完全支持面向对象分析模型的实现，那么在面向对象设计阶段就无须对已有的问题域模型作实质性的修改或扩充。

7.1.1　复用已有的类

面向对象设计在研究对面向对象分析所得出的问题域模型时，必须对类做进一步分析，目标是尽可能使用可复用的成分。

直接复用：复用已定义好的类。如果已存在一些可复用的类（许多面向对象开发工具都提供了基类），而且这些类既有定义，又有源代码，那么复用这些类可以提高开发效率和质量。Java的 API 类库就是预定义的，开发人员直接从相关的类复用即可。如果已定义好的类中包括不需要的属性和服务，就把多余的属性和服务删除后再复用。

通过继承复用：可以利用继承关系，基于可复用类添加一般-特殊关系，派生出与问题域相关的子类，复用从父类继承来的属性和服务，以减少新开发的成分。例如，有可复用的 Book 类，书店管理系统可以用子类 RetailBook 继承 Book 类，图书馆管理系统可以用子类 CollectionBook 继承 Book 类。

如果可复用的类只是与面向对象分析模型中的类相似，就需要进行修改。应用多态机制，子类中可以通过继承拥有父类的属性或服务，可以定义新的属性或服务，可以拒绝继承父类的属性或服务。例如，问题域有一个类 Car，属性有序号、颜色、样式、出厂年月，还有一个序号认证操作。现在找到了一个可复用的类 Car，属性有序号、厂商、样式，还有一个序号认证操作。首先，把可复用的类 Car 标记为 "Car《复用》"，划掉其中不用的厂商属性；把 "Car《复用》"类作为 Car 类的父类，再把 Car 类中的序号属性和样式属性以及序号认证操作去掉，因为父类 "Car《复用》"中有了这些特征，类 Car 从中继承即可。

如果面向对象分析所得出的问题域模型中的类没有可复用的资源，就需要进一步设计和编程了。

7.1.2　增加一般类

如果确实没有可供复用的类而必须创建新类时，也应当充分考虑新类的内容，以利于今后的复用。

如果多个新类有具有共同的实现策略，应将多个类都具有的共同特征提升到一般类中，用一般类集中地描述多个类的实现都要使用的属性和操作。这与在面向对象分析中定义一般类不同，面向对象分析考虑的是问题域中事物的共同特征。

7.1.3　对多重继承的调整

如果面向对象分析的对象模型中包含了多重继承关系，而使用的程序设计语言没有多重继承机制，那么在问题域子系统的设计中，应该对面向对象分析的对象模型中的多重继承进行调整。

1. 把继承关系展平，取消继承关系

具体过程如图 7-1 所示。

图 7-1　把继承关系展平

2. 把继承关系转换为聚合关系

将多重继承的子类作为转换后的整体对象类，将它的一个或多个父类作为转换后的部分对象类；相应的一般-特殊连接改为整体-部分连接（见图 7-2）。例如下面的多媒体教室的例子就是这种转换方法的一个实例（见图 7-3）。

```
class A{
  //……
}
```

```
class B{
 //……
}
class C extends A{
 B b=new B();
}
```

图 7-2　把继承关系换为聚合关系

或者（见图 7-3）

```
class C{
 A a=new A();
 B b=new B();
}
```

图 7-3　多媒体教室的例子把继承关系换为聚合关系

在有些情况下，转换之后的类之间的关系语义可能有悖于客观世界的常理。下面的例子，在转换之前的结构表明在职研究生既是教职工又是研究生，转换之后的结构所表达的却是在职研究生是由一个教职工和一个研究生构成的，这是不合理的（见图 7-4）。

图 7-4　有悖常理的转换

另外，当子类的多个父类具有共同的更高层的父类时，按这种转换方法所得到的结果将出现重复的信息。

任何一种支持多重继承的面向对象编程语言都通过继承机制保证，当子类和父类之间有多条继承路径相连时，子类只能继承单独一份来自同一个父类的信息，不允许出现重复。

　　在转换之前的结构中，类 D 继承类 B 和类 C——多重继承，而 B 和 C 又都继承更高层的一般类 A。由于继承关系是传递的，所以 A 的属性和服务在被 B 和 C 继承之后，又通过它们传递给 D，被 D 间接地继承。尽管在多重继承中，D 可以通过 B 和 C 两条不同的路径间接地继承 A，但是它实际上只需要一份来自 A 的信息。

　　转换后的结构中，D 通过 B 间接地继承了一份来自 A 的信息；同时，因为 C 继承了 A，而 D 把 C 作为自己的一部分，所以又通过聚合拥有另一份来自 A 的信息（见图 7-5）。这种重复出现的信息不仅造成空间浪费，而且会引起程序的错误和混乱。

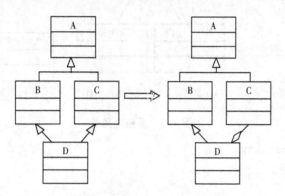

图 7-5　转换产生信息重复

```
class A{
  //……
}

class B extends A {
  //……
}
class C extends A{
  //……
}

class D extends B{
  C c=new C();
}
```

3. 重新定义类

　　针对上一种方法所存在的问题，可以采用重新定义类的方法，使调整之后的结果仍能自然地映射问题域，并且不产生重复信息。

　　如图 7-6 所示，"教职工"类和"研究生"类继承了"人员"类的属性和服务，同时又具有各自特有的属性和服务；"在职研究生"类分别继承了"教职工类"和"研究生"类的属性与服务，也间接地继承了"人员"类的属性与服务，所以形成了多重继承结构。

　　在这个多重继承结构中，不同的对象实例具有不同的身份——有些具有教职工身份，有些具有研究生身份；在职研究生既是教职工又是研究生，具有双重身份。把各种身份也都定义成用不同的类来描述的对象，将它们与"人员"类的对象实例进行聚合，就形成了各种不同身份的人员。

这两个表示身份的类就是"教职工身份"类和"研究生身份"类。

（a）一个多继承的例子　　（b）重新定义对象类并采用聚合　　（c）采用聚合和单继承

图 7-6　重新定义类

```
class TeacherIdentity{
    //……
}

class PostgraduateIdentity{
    //……
}

class Person{
    TeacherIdentity t = new TeacherIdentity();
    PostgraduateIdentity p = new PostgraduateIdentity();
    //……
}
```

这样，"人员"类的对象通过以不同的身份类对象作为自己的组成部分，便可表示现实世界中不同的人员——以一个教职工身份或研究生身份的对象作为类的成员时，分别表示现实中的教职工或研究生；同时以教职工身份的对象和研究生身份的对象作为类的成员时，表示现实中具有双重身份的在职研究生。

系统中"教职工身份"类和"研究生身份"类有关于身份的共同信息，可在它们之上增加一个"身份"类作为父类，构成一个单继承的一般-特殊结构，然后再与"人员"类组成整体-部分结构。

```
class Identity{
    //……
}

class TeacherIdentity extends Identity{
    //……
}
class PostgraduateIdentity extends Identity{
    //……
```

```
}
class Person{
  Identity i1 = new TeacherIdentity();
  Identity i2 = new PostgraduateIdentity();
  //……
}
```

这种方法的缺点是不直观。原先多重继承的一般–特殊结构是一种显式的分类结构，用这种方法调整之后，显式的分类就变成了隐式的分类。例如各类人员都是同人员类的成员，都用同一个类创建对象实例。人员的不同分类是通过不同的人员对象具有不同身份而隐含表示的。这样，人员分类看起来就不够直观。

4. 采用压平的方式

在调整之前的结构中，子类通过继承获得父类中定义的属性与服务，因此不需要重复地编写这些代码，调整时最好保留这种由继承带来的好处。但是，如果不考虑增加实现时的编程工作量的话，可以采用压平的方法。

例如，可以使"在职研究生"类不再从"教职工"类和"研究生"类继承任何信息，只是直接地继承"人员"类中定义的一般信息。这样多重继承就取消了，但是"教职工"类和"研究生"类中定义的关于教职工和研究生的属性与服务都要在"在职研究生"类中重新书写一遍，实现时会增加程序代码（见图 7-7）。

```
class Person{
  //……
}

class Teacher extends Person{
  //……
}
class Postgraduate extends Person{
  //……
}
class OnjobPostgraduate extends Person{
  //……
}
```

图 7-7　压平的方式 1

为了不增加实现时的编程工作量，采用改进的方法。这种方法一方面保持原先多重继承结构中的每个类，同时把形成多重继承的每一组特殊信息从有关的类中分离出来，定义为部分对象类，再通过聚合使各个子类能够拥有这些信息。

将"教职工"类中定义的关于教职工的信息，分离出来组织到"教职工信息"类中，再将"研究生"类中定义的关于研究生的信息分离出来组织到"研究生信息"类中（见图 7-8）。这样，"在职研究生"类可以通过聚合同时获得关于教职工和关于研究生的两组信息，不必

图 7-8　压平的方式 2

再从"教职工"类和"研究生"类中去继承。"教职工"类、"研究生"类和"在职研究生"类这三个类都直接地继承"人员"类中定义的一般人员信息，同时又聚合不同的特殊信息，形成不同的人员分类。三个类的特殊性只是体现在其实例各有一个或两个不同部分的对象，它们的设计和实现只需各自定义指向或嵌入不同部分对象的属性。

这种方法克服了前面方法的缺点。它不会产生违背常理的关系语义，也不会产生重复信息。同时，它显式地保持了问题域实际事物的分类，从而便于分别组织数据存储。另外，它不增加实现时的编程工作量。但是这种方法的缺点是增加了类的数量。

```
class Person{
  //……
}

class TeacherInfo{
  //……
}
class PostgraduateInfo{
  //……
}

class Teacher extends Person{
  TeacherInfo t= new TeacherInfo();
  //……
}
class Postgraduate extends Person{
  PostgraduateInfo p=new PostgraduateInfo();
  //……
}

class OnjobPostgraduate extends Person{
  TeacherInfo t=new TeacherInfo();
  PostgraduateInfo p=new PostgraduateInfo();
  //……
}
```

7.1.4 对多态性的调整

当面向对象分析模型中采用多态性表示，而编程语言不支持多态性时，需要进行调整。

多态是指同一个命名可以有不同的语义。继承中的多态是指在父类中定义的属性和服务，被各个子类继承之后可以有各自不同的语义，即属性可以定义为不同的数据类型，服务可以有不同的算法。采用多态性表示的意义是在编程时对属性和服务的引用较为方便。

例如，在 Java 语言中，多态是指一个程序中同名的不同方法共存的情况。子类可重新定义与父类同名、同参数和同返回类型的方法，称为方法的覆盖（Override）。所以，方法覆盖是多态的一种情况。方法覆盖是在运行时的多态，Java 运行系统要根据调用该方法实例的类型来决定选择调用哪个方法。

```
class Sort_N{
  void sort(int t1,int t2,int t3){  // 父类中的方法
    //……              // 方法体，设该方法的功能为升序排序
    System.out.println("in Sort_N");
  }
}

class Sub_Sort_N extends Sort_N{
  void sort(int t1,int t2,int t3){   // 子类中的方法，覆盖父类中的方法
    //……              // 方法体，设该方法的功能为降序排序
    System.out.println("in Sub_Sort_N");
  }
  void f(){
    sort(5,3,8);
    super.sort(5,3,8);
  }
}
```

覆盖的方法可以通过直接指明对象的方式区分调用，也可以在子类中使用 this 和 super 区分调用。

```
class client{
  public static void main(String[] args){
    Sort_N s1=new Sort_N();
    Sub_Sort_N s2=new Sub_Sort_N();
    s1.sort(5,3,8); // 调用父类的 sort()方法，升序排序，结果为 3，5，8
    s2.sort(5,3,8); // 调用子类的 sort()方法，降序排序，结果为 8，5，3
    s2.f();
    Sort_N s3=new Sub_Sort_N();
    s3.sort(5,3,8); // 调用子类的 sort()方法，降序排序，结果为 8，5，3
  }
}
```

程序执行结果为：

```
in Sort_N
in Sub_Sort_N
in Sub_Sort_N
in Sort_N
in Sub_Sort_N
```

方法覆盖时还应遵循以下两个原则：

（1）子类的方法不能比被覆盖的父类的方法有更严格的访问权限。

（2）子类的方法不能比被覆盖的父类的方法产生更多的异常。

但是从本质上看，名称相同的属性和服务既然在不同的类中定义为不同的类型或表现不同的行为，那么就可以把它们看做彼此不同的东西。这样，只要强调这些同名不同质的属性和服务之间的差异，重新考虑对象的分类，就可以取消继承中的多态性表示。

"矩形"子类没有使用边数属性，顶点坐标属性和绘图服务在子类中都进行了重新定义。这些属性和服务不能被子类不加修改地继承，就说明它们只能适合多边形集合的一个子集。把这个子

集定义成一个子类"不规则多边形"，把这些属性和服务放到这个新定义的"不规则多边形"类中。这样，"正方形"类和"矩形"类不再从"多边形"类继承不适合自己的属性和服务，然后又进行重新定义或加以排除，而是各自定义对本类对象恰好合适的属性和服务。父类多边形只保留了对任何特殊类的实例都完全适合的属性和服务，供它们不加修改地继承（见图7-9）。

图 7-9   对多态性的调整

7.1.5 提高性能

影响系统性能的因素大体上可分为三类：数据传输的时间、数据存取的时间和数据处理的时间。为了提高性能，需要对问题域模型做一些处理。

（1）调整对象的分布。尽量把需要频繁交换信息的对象放在一台处理机上，减少不同处理机之间的数据传输量，缩短数据传输路径（见图7-10）。

在甲处理机上类 B 的对象接收到类 A 的对象一个消息，类 B 的对象根据类 A 的对象的要求访问乙处理机上类 C 的对象的大量属性数据，然后对这些数据进行计算，并将计算结果回送给类 A 的对象。类 B 和类 C 之间要在甲、乙两台处理之间的网络上传送大量数据。

第一种调整策略是把类 B 和它的对象移到乙处理机。由于类 B 对象需要大量地访问类 C 对象的数据，把类 B 移到类 C 所在的处理机上，便可就近访问类 C 的对象的属性数据。而类 A 的对象和类 B 的对象之间的消息变成了不同处理机之间的消息，但它们之间的信息传输只是类 A 的对象向类 B 的对象发个消息，类 B 的对象把最终的计算结果回送给类 A 的对象，数据传送量是很少的。

第二种调整策略是，将类 C 的对象移到大量访问其属性信息的类 B 的对象所在的甲处理机上。这样缩短了不同处理机之间的数据传送路径——缩短为零，但是这种策略的前提是类 C 的对象原先所在的乙处理机或其他处理机没有对象要访问类 C 的对象。

（2）合并通信频繁的类。根据封装原则，不允许操作直接从其他对象获取数据。所以，如果对象之间的信息交流特别频繁，或者交流的信息量较大，就需要把这些对象类进行合并。使两类对象之间消息变为同一对象内部的直接存取，从而提高执行效率（见图7-11）。

（a）调整前　　　　　（b）减少数据传送量　　　　　（c）缩短传送路径

图 7-10　调整对象分布

　　例如，在某个实时控制系统中，要对温度进行自动控制。用一个温度探测器不断地探测温度，同时温度调节器根据探测结果及时对温度进行调节，使其稳定在一个温度值上。最初的设计，温度探测器类的对象的温度探测操作不断地刷新当前温度属性，而温度调节器类的对象的温度调节操作要反复地调用温度探测器类的对象的取当前温度操作，并把读取的当前温度与指定温度属性比较，以此做出对设备的调节。若两个对象间的频繁消息传递成为影响性能的主要原因，则可把两个类合并为一个类"温度控制器"。

图 7-11　合并消息频繁的类

　　（3）用聚合关系描述复杂类。如果一个类的对象描述了一种构造比较复杂的事物，因为其中可能包括多项工作内容，那么为了表现这种复杂事物的行为，对象的服务往往也比较复杂（见图 7-12）。

（a）一个复杂的类　　　　　（b）分解为多个类并进行聚合

图 7-12　通过聚合提高服务执行效率

　　例如在一个动画片制作及播放系统中，把动画片的每个帧定义为一个对象，所有的帧由帧类来描述。在显示一个帧时，这个类的显示服务既要画出这个帧的背景，又要画出它的前景，即背景衬托下不断活动和变化的人物、动物、运动物体等事物在某一时刻的状态。背景是相对静止的，一部动画片有许多相邻的帧采用相同的背景；前景是随时变化的，几乎每一帧都不相同。把整个帧都用同一个对象类的"显示"服务画出来，不容易针对背景和前景的不同特点设计高效算法。

从帧这个比较复杂的对象中分解出背景和前景两个部分对象，再运用聚合的原则，将它们组合成一个完整的帧，得到整体-部分结构。一个帧由一个背景和一个前景构成，但一个背景可以作为多个帧共同的背景。这样，在显示一组背景相同的帧时，只有其中第一个帧需要既画出背景又画出前景，以后的帧可以直接利用第一个帧的背景而只画自己的前景部分，从而大大提高了动画的显示速度。

（4）增加低层细节——细化对象的分类。在一个类中定义的服务必须能描述这个类的所有对象实例的共同行为。如果一个类的概念范畴较广，那么用它所描述的对象实例的实际情况就可能有若干差异。为了使该类的一个服务能够定义一种对所有的对象实例都适合的行为，就要兼顾多种不同的情况，因而使得服务算法比较复杂，而且执行效率低下。

解决办法是，把类划分得更细一些，在原先的较为一般的父类之下定义一些针对不同具体情况的特殊子类。在每个子类中分别定义适合各自对象实例的服务。其算法可能比在一般类中的提供的通用服务更为简单、快捷。

例如在一个计算机绘图系统中，有一个四边形类，它的绘图服务是一个能适应任何种类的四边形绘制的通用服务。为了提高执行效率，可以把类划分得更细一些，在四边形类之下建立正方形、长方形、梯形、平行四边形、菱形和普通四边形六个子类，得到一般-特殊结构。每个子类分别定义只适合本类对象实例的专用的绘图服务。由于这些服务不必兼顾其他四边形的绘制，所以更容易设计出简单、高效的绘图算法（见图7-13）。

图7-13　细化对象的分类

（5）增加保存中间结果的属性减少重复计算。如果对象的一个服务要经常进行重复的某种计算，可增加一些属性用来记录已经计算过的结果，就可避免以后的重复计算。

例如一个"流水账"对象，其属性记录着每一笔账目，它的服务经常要累计本年度以来的全部账目或指定月份的账目，那么针对每个月增加一个属性"月累计"，记录每月的计算结果，便可使以后的计算都得到简化。

（6）缩短对象存取时间。系统在执行某项功能时，如果需要频繁地或大量地访问借助某种数据管理系统存储在外存空间的对象实例，则数据管理系统的响应时间可能成为性能的瓶颈。这是由于内、外存之间的数据交换所花的时间比在内存中直接存取数据长得多。

传统的软件开发方法解决这种问题的办法是在内存中设计一个缓冲区，使经常使用的数据能有较多的机会从缓冲区中得到。面向对象设计仍然可以采用这种策略，只是缓冲区是按对象的方式组织的。

（7）通过人为增加或减少主动对象提高或降低系统的并发度，可以提高性能，参见控制驱动（任务管理）部分的设计。

7.1.6　其他

OOD（面向对象设计）的问题域部分还有一些其他需要考虑的问题。在 OOD 的问题域部分应该根据具体问题考虑使用设计模式；还需考虑构造和优化算法，决定对象间的可访问性，定义对象实例等；对复杂关联的转化，把多对多关联转化为一对多关联；考虑加入进行输入数据验证这样的类；考虑对来自中间件或其他软硬件的错误进行处理的类，以及对其他例外情况进行处理的类；等等。

7.2　人机交互部分的设计

7.2.1　概述

人机交互部分是面向对象设计模型的组成部分之一。将面向对象模型的人机交互部分独立出来进行设计，可隔离界面支持系统对问题域部分的影响。当界面支持系统变化时，问题域部分可基本保持不变。人机交互部分包含的对象构成了系统的人机界面，称做界面对象。

人机交互部分的友好性对用户情绪和工作效率产生重要影响。交互界面设计得好，则会使系统对用户产生吸引力，能够激发用户的创造力，提高工作效率；相反设计得不好则会使用户感到不方便。

软件系统大多采用图形方式的人机界面，它具有形象、直观、易学、易用等特点。但是图形用户界面的开发工作量也很大，在系统开发成本中占有很高的比例。支持图形用户界面开发的软件系统称做界面支持系统，主要有窗口系统（如 Windows）、图形用户界面（Graphics User Interface，GUI）系统（如 Motif）、与编程语言结合为一体的可视化编程环境（如 Visual C++）。利用界面支持系统，图形用户界面的开发效率可得到显著提高，因此应用系统的人机界面开发大多依赖某种界面支持系统。

人机界面的开发除了软件的知识以外，还需要心理学、艺术等许多其他学科的知识。在心理学的指导下，人机界面的设计才会使人感到舒适、振奋、兴趣盎然、给人以正确的启发，而不是烦躁、颓丧、索然无味以及引起误导。同时，界面设计的总体布局以及各个局部的形状、尺寸、图案、纹理、色彩、变幻等要达到美观而协调的效果，需要有美术人员的参与，并且要借鉴心理学、统计学等方面的研究成果。

7.2.2　可视化编程环境下的人机界面设计策略

采用可视化编程环境作为界面支持系统时，人机界面的设计相对比较简单。针对可视化编程环境的设计策略，减少或简化了许多工作内容。设计者利用可视化编程环境及其类库，降低了设计的工作强度，简化了设计文档；但是需要掌握所依赖的环境和类库，并在设计中把复用类库中提供的类作为基本出发点。

1. 掌握可视化编程环境及其类库

软件设计人员不负责系统实现，但是为了使设计能与环境的实际情况相吻合，必须掌握或了解实现设计的语言、类库、编程环境等软件。正如一个建筑设计师，虽然不负责施工，却必须了解施工所用的材料、机械和建筑工艺。

在人机界面的设计中，要掌握可视化编程环境及其类库。因为不同的编程环境和类库所支持的界面对象不相同，功能、风格都有不少差异，设计者必须根据这些具体特点来进行设计，才能使设计与实现很好地衔接。需要掌握的重点是：

（1）该环境对各种界面对象所采用的术语及其含义。

（2）类库中提供的界面对象对应的类。

（3）各个界面对象类的属性与服务，包括从上一层的父类继承来的属性与服务；但不必关心描述对象外观的属性。

（4）各个类所创建的界面对象的外观，以及它们在人机交互中所适合的输入与输出。

（5）各个类之间的继承层次。

（6）各个界面对象涉及的事件及其事件处理机制。

（7）比较复杂的界面对象，可以采用整体–部分结构由多个界面对象而形成组合对象。

2. 根据人机交互需求选择界面元素

根据人机交互需求，在可视化编程环境所能支持的界面元素中进行选择。必要时，设计者应该在环境中实际操作和演示一下准备选择的各种界面元素，以决定哪些元素最适合本系统的人机交互。

3. 类图的设计

1）根据复用原则确定类的选择

确定类图中表示界面对象的类时，应首先使用环境及其类库所提供的可复用类。这些类通常能满足应用系统的大部分人机交互需求，充分复用这些类会大大简化界面的设计和实现。所以，除非所需要的界面对象的功能或风格很特殊，在类库中也没有提供相应的类，否则都要首先想到复用已有的类。可以直接复用类库中的类，通过将可复用类某些参数具体化（例如属性的初始值）对可复用类进行定制（见图7-14（b））。

如果所需要的界面对象的功能或风格比较特殊，需要对类库中的可复用类进行改进，应用系统可以对可复用类的定义进行扩充。例如在对话框中添加编辑框控件实现定制的对话框，这是对类库中 Dialog 类的扩充，定制的对话框在 Dialog 类的基础上添加了其他控件作为自己的组成部分。这实际上是通过对可复用类的继承，定义了本系统中的一个新类（见图7-14（a））。

类库中提供的界面对象对应的类通常有许多属性和服务，在类库中还有很多层被它继承的一般类。这些信息都是现成的，不需要在应用系统中实现。所以，面向对象设计中这种类图不需要填写被复用类的属性和服务，也不需要画出比它层次更高的一般类。这样可以简化面向对象设计的文档，把主要精力用于解决本系统的问题。同时，对实现者也没有影响。如果在应用系统的类图中全部表示这些信息，会使类图很庞大，是一项沉重的负担，而且意义也不大。

2）定义表示逻辑特征的属性，忽略物理特征的属性

通过继承可复用类而定义的新类，可以对继承来的属性设置不同的初始值，也可以在新类中增添新的属性。设计人员主要定义那些描述界面对象逻辑特征的属性，特别是表现命令的组织结构、界面元素之间组成关系的属性。例如在一个菜单类中，每个选项表示一条命令。要用属性来

描述菜单的每个选项，属性的名称应该与它所对应的命令相符。又如在一个对话框中包含若干控件，应该用属性表示这个对话框含有的控件对象。

设计阶段不关心描述界面对象物理特征的属性（大小、形状、位置、颜色、边框、底纹、图案式样、二维效果），这些属性由实现人员来处理。实现人员以可视化的方式定制界面对象的这些特征，效果会更好，效率也会更高。如果有美工人员参加实现，那么在艺术效果方面还会取得更好的效果。

3）特别标注从高层类继承的服务

面向对象设计中界面对象对应的类在类图中不填写被复用类的属性和服务，也不需要画出比它层次更高的一般类。这样简化了面向对象设计的文档，但是这样的类图表示不出一个特殊类中含有一个通过继承得到，并提供其他对象使用的服务，因而也难以表达其他对象请求该项服务的消息。解决方案是在本系统定义的特殊类中显式地表示它从类库中的类继承，及其将在本系统中被使用的服务。

在类图的服务栏填写该服务的名称，并且做一个"√"标记，表明这个服务是通过继承得到的，不需要在本系统中实现。同时，在类的描述模板中服务说明条目中指出该服务是从类库中哪个类继承来的（见图 7-15）。

界面类库中一些属性和服务被继承之后并不真正被使用；另有许多属性和服务是由编程环境自动使用的，应用开发者不必关心。只有在手工产生的程序代码中需要使用的那些服务，才是设计人员和实现人员必须了解的，在特殊类中显式地以"√"符号表示。继承来的属性一般不需要关注，当某些情况下需要关注时，也采用这种表示法。

图 7-14　复用原则确定类的选择　　　　图 7-15　特别标注从高层类继承的服务

4）用整体-部分结构表示界面的组织结构和命令层次

要正确区分对象的普通属性和它的部分对象。当一个界面对象带有内部组织结构时，可视化编程环境对不同的情况有不同的定义方式。有些组成部分（例如下拉菜单的选项、窗口的边框）被作为对象的一个普通属性，有些组成部分（例如对话框的一个下拉菜单或按钮）则被作为一个部分对象。环境类库对这种组成部分给出相应的类定义，则建立整体-部分结构。否则只用属性表示，不建立整体-部分结构。

但如果一个整体对象的部分对象具有以下的简单性，整体-部分结构的表示法可以简化。

（1）这种界面对象在本系统中总是依附于整体对象而存在，系统中不会单独地创建这样一个独立存在的对象实例。

（2）该对象无论从物理上还是从逻辑上都不再包含级别更低的部分对象。

（3）该对象没有或者只有一个表示逻辑特征的属性。例如，按钮对象只需要一个名称属性来表示其逻辑特征，其他属性都只表示其物理（外观）特征。

（4）不需由程序员通过手工编程实现该对象与其他对象间的消息。

在这种简单的情况下可以隐式地表示部分对象：类图中不画出部分对象的类，只是在整体对象中通过一个属性表示整体对象拥有这样一个部分对象，用这个部分对象的类名作为该属性的类型，并在类描述模板的属性说明中加以说明。

当类图很庞大时，采用这种策略可以使之简化。但是这种策略失去了一些直观性，在类图不很庞大时还是应显式地画出部分对象类。

5）采用一般–特殊结构从可复用类直接继承

如果一个应用系统中使用的两个或两个以上界面对象有许多共同特征，按照通常的设计策略是运用一般–特殊结构，在一般类中定义共同拥有的属性和服务，特殊类继承一般类，从而简化设计和实现。

例如，系统中使用了 A、B 两个对话框类，其中 B 拥有 A 的所有特征，只是比 A 增加了两个按钮；那么，在一般的界面支持系统下可以设计如图 7–16（a）所示的一般–特殊结构，使 A 继承可复用类，B 又继承 A，从而简化了这两个对话框类的设计和实现。但是在可视化编程环境下，若按图 7–16（a）的结构基于自定义的 A 类对话框来实现 B，则可能缺乏环境支持，或者环境虽然有支持但操作比较复杂，需要有较高的应用技巧。采用如图 7–16（b）所示的一般–特殊结构更便于实现，因为在环境支持下，直接基于可复用类来定制 B 类对话框是很方便的。

6）表达手工编程实现的消息，忽略自动实现的消息

界面类库中的每个类都定义了许多服务，应用系统在这些类的基础上定制的类提供的服务也很多，每个服务都对应着一种消息。但有大量的消息，特别是处理界面对象常规操作的消息，是在可视化编程环境支持下生成应用程序代码时自动实现的。例如改变窗口的大小或位置，在对话框中将焦点转移到其中的某个控件，滚动条的上下、左右滚动等。这些消息不需要程序员通过手工编程去实现，因此设计类图时可以忽略对这些消息的表示。

（a）普通策略　　　　　　　　　　（b）直接继承可复用的类

图 7–16　从可复用类直接继承

设计者需要关注并且要在类图和类描述模板中表达的，是那些必须由程序员通过手工编程来实现的消息，包括① 接收界面操作事件的界面对象，通过它的一个服务向对该事件进行实际处

理的功能对象发送的消息。② 从要求在人机界面上进行输入/输出的功能对象向提供这种输入/输出服务的界面对象发送的消息。表示方式和通常的做法一样，在类图中画出消息发送者与接收者之间的消息连接符号，并在发送者一端的类描述模板中进行相应说明。

7.2.3　界面类与问题域类间通信的设计

有些界面对象要与问题域中的对象进行通信，所以要对二者之间的通信进行设计。设计时应注意以下几点：

（1）人机界面负责输入与输出和窗口更新这样的工作，并把所有面向问题域部分的请求转发给问题域部分，在界面对象中不应该对业务逻辑进行处理。

（2）问题域部分的对象不主动发起与界面部分对象之间的通信，只是对界面部分对象进行响应。把界面对象向问题域部分对象传输的信息或发布命令看做是请求，而把从问题域部分对象向界面部分对象传输的信息看做是回应。

（3）尽量减少界面部分与问题域部分的耦合。由于界面是易变的，从易于维护和易于复用的角度出发，问题域部分和界面部分应是低耦合的。可以通过在人机交互部分和问题域部分之间增加控制器或协调类的方式解决该问题，如采用观察者模式等相关设计模式。

7.3　数据管理部分的设计

7.3.1　概述

数据管理部分是面向对象设计模型中负责与具体的数据管理系统衔接的部分，负责利用文件或数据库管理系统，为系统中需要长久存储的对象进行数据存储与恢复。

数据的永久存储问题主要包括系统运行中产生的结果数据需要长期保存，系统需要在一些长期保存的数据支持下运行，系统需要对某些长期保存的数据进行增加、删除与更新等操作。长期保存的数据保存在磁盘存储器等永久性存储介质上，在文件系统或数据库管理系统的支持下进行数据的存储、读取和维护。

面向对象软件工程将数据组织到对象中作为对象的属性，数据存储问题表现为对象存储，长期存储的对象称做永久对象。在面向对象分析或设计中需指明永久对象，在数据管理部分的设计中给出解决永久存储问题的设计决策。

在面向对象设计中可以采用文件系统或数据库管理系统实现对象的永久存储，它们有各自不同的数据定义方式和数据操纵方式。不同的文件系统有不同的数据组织格式和操作命令，不同的数据库管理系统有不同的逻辑数据模型和数据操纵语言。数据管理部分设计需要针对选用的数据管理系统实现数据格式或数据模型的转换，并利用它所提供的功能实现数据的存储与恢复。因此，针对不同的数据管理系统，需要进行不同设计。

在面向对象设计中，根据所选用的数据管理系统的特点，设计专门处理永久对象的存储问题的对象，并把它们组织成一个相对独立的组成部分，这样隔离了数据管理系统对面向对象设计模型的影响。当选用不同的数据管理系统时，只需要数据接口部分做相应的变化，其他部分则不需要改动。这样会改变面向对象设计模型，特别是其中的问题域部分，在不同实现条件下的可复用性。

面向对象设计模型中的数据管理部分就是负责将应用系统中的永久对象在选定的数据管理系统中进行存储，并将存储结果恢复到应用系统。解决问题的具体内容如下：

（1）解决应用系统中的对象在外存空间的存储问题，对象在内存空间的存储是由编程语言自动解决的。

（2）只需考虑对象属性值的存储，对象的服务是由语言系统自动保存和管理的。

（3）解决永久对象的存储问题。并非所有的对象都需要长期保存，只有状态信息（属性值）在系统运行结束后仍然保留的永久对象才需要长期保存；而在系统运行时存在的对象（类似于全局变量）和在某个对象的服务执行时存在的对象（类似局部变量）都不需要长期保存。

（4）如果使用的面向对象编程语言支持永久对象的表示和存储管理，或者采用了面向对象的数据库管理系统，而且其对象模型与编程语言的对象模型是一致的，则对象的永久存储问题可以简单地得到解决，不需要设计者做更多的工作。

总之，在选用的编程语言、文件系统或数据库管理系统不能直接支持对象永久存储的情况下，数据管理部分的设计实现了应用系统与文件系统或数据库管理系统的接口，以解决应用系统中需要长期保存的对象属性值在外部空间的保存问题。

7.3.2 针对关系数据库的数据存储设计

1．面向对象、实体-联系以及关系数据库中的概念间的对应关系

关系数据库中，一个类对应数据库的一张表，表的每行存储一个对象；类之间的一个关系可以用数据库的一张表存储，也可以用其中的一个类所对应的表来存放。其对应关系如表7-1所示。

表7-1　面向对象、实体-联系以及关系数据库中的概念间的对应关系

面向对象	实体-联系	关系数据库
类	实体类型	表
对象	实体实例	行
属性	属性	列
关系	关系	表

数据管理部分的模型主要是由类及其关系构成，通过该模型，把系统中的永久对象数据存储到关系数据库中，或者从关系数据库中把永久对象数据检索出来，再恢复成永久对象。

一般情况下，数据管理部分用于永久对象数据的存储与恢复，有时问题域部分也需要通过数据库管理系统使用数据库中的数据，进行一些运算。

2．对象标识

程序中使用对象名来访问对象，而在表中使用永久对象的标识来访问对象，永久对象的标识在存放它的表中是唯一的。永久类导出的表用一个主关键字作为表中所存储对象的唯一标识；永久类关系导出的表，用相关联表的主关键字的组合作为唯一标识。

3．对永久类的存储设计

每个需要存储的永久类，分别用一个表进行存储。

（1）列出一个永久类的所有需要存储的属性。

（2）对属性规范化，规范化后的属性至少满足第一范式——每个属性都是原子的。

要把一个类的属性类表映射到满足第二范式（满足第一范式且所有非关键字属性都只依赖整个关键字）或更高范式的数据库表，可以采取下面的处理方法。

① 把类拆分，修改后的类对应的表都满足范式的要求。这样数据的存储与恢复不需要经过格式转换；但要修改问题域模型，造成类图与问题域映射不直接。

② 不修改类，一个类对应两个或多个表，每个表满足范式要求。这样类图更贴近问题域；但数据的存储与恢复要经过一定的运算，需要设计一定的算法进行这种运算。

③ 定义数据库表。规范化后类的属性是一列，要存储的每一个对象是一行。

4．对关系的存储

1）对关联的存储设计

（1）对于每个一对一的关联，在其中的一个类对应的表中用外键隐含关联。

（2）对于每个一对多的关联，在多重性为多的类所对应的表中用外键隐含关联。

（3）对应多对多的关联，把它转化为一对多的关联，然后按一对多方式处理。否则，将一个多对多关联映射到一张独立的表，该表的主关键字是两个关联的表达主关键字的拼接。

【例 1】一对一关联映射到表，如图 7-17 所示。

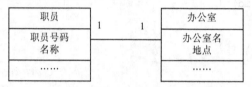

图 7-17　一对一关联映射到表

把永久类分别映射到一张表，并把表之间的关联也映射到其中的一个表。其结构如表 7-2 所示。

表 7-2　职员类及关联所对应的表的结构

主键/外键	属 性 名	字 段 名
主键	职员编号	id
否	职员名称	name
外键	办公室编号	office_id

表中用外键"办公室编号"表示两个类之间的关联。其结构如表 7-3 所示。

表 7-3　办公室类所对应的表的结构

主键/外键	属 性 名	字 段 名
主键	办公室编号	office_id
否	办公室名称	name
否	地点	address

【例 2】一对多关联映射到表。

代表客户的 Customer 类的对象与代表订单的 Orders 类的对象之间就存在着一对多的关联关系，一个客户可以有多个订单，而一个订单只能属于一个客户。

使用 Java 语言 Customers 类中定义集合 Orders 类的对象作为 Customer 类的一个属性，就解决了 Customer 类与 Orders 类之间的一对多的关系。

```
import java.util.HashSet;
import java.util.Set;
class Customer {                    //代表客户的 Customer 类
  private int id;                   //客户的 ID
  private String name;              //客户的名称
  private String email;             //客户的邮箱
  //所有与客户 Customer 对象关联的 Order 对象
  private Set<Orders> allOrders=new HashSet<Orders>();
  Customer() {
  }
  Customer(int id, String name, String email, Set<Orders> allOrders) {
    this.id=id;
    this.name=name;
    this.email=email;
    this.allOrders=allOrders;
  }
  int getId() {
    return id;
  }
  void setId(int id) {
    this.id=id;
  }
  String getName() {
    return name;
  }
  void setName(String name) {
    this.name=name;
  }
  String getEmail() {
    return  email;
  }
  void setEmail(String email) {
    this.email=email;
  }
  Set<Orders> getAllOrders() {
    return allOrders;
  }
  void setAllOrders(Set<Orders> allOrders) {
    this.allOrders=allOrders;
  }
}

class Orders{                       //代表订单的 Orders 类
  private int id;                   //订单的 ID
  private String orderNumber;       //订单序列号
  private double price;             //订单的价格

  Orders() {
  }
  Orders(int id, String orderNumber, double price) {
    this.id=id;
    this.orderNumber=orderNumber;
    this.price=price;
```

```
    }

    int getId() {
      return id;
    }
    void setId(int id) {
      this.id=id;
    }
    String getOrderNumber () {
      return orderNumber;
    }
    void setOrderNumber (String orderNumber) {
      this.orderNumber=orderNumber;
    }
    double getPrice() {
      return price;
    }
    void setPrice(double price) {
      this. price=price;
    }
  }
```

以上就构成了 Customer 类到 Orders 类的一对多关联，如图 7-18 所示。

图 7-18　一对多关联

把多重性为多的订单类和关联映射为一张表，客户类单独映射为一张表。具体结构如表 7-4 所示。

表 7-4　订单类及关联所对应的表的结构

主键/外键	属 性 名	字 段 名
主键	订单 ID	id
否	订单序列号	orderNumber
否	价格	price
外键	客户 ID	customer_id

客户 ID 属性作为表的外键。客户类表的结构如表 7-5 所示。

表 7-5　客户类所对应的表的结构

主键/外键	属 性 名	字 段 名
主键	客户 ID	customer_id
否	客户名称	name
否	电子邮箱	email

【例3】多对多关联映射到表。

将多对多关联转化为一对多关联，然后按照一对多关联的处理方式进行处理（见图 7-19 和图 7-20）。

图 7-19　多对多关联

图 7-20　多对多关联转化为一对多关联

2）对聚合的存储设计

由于聚合就是一种关联，所以对聚合的存储设计的规则与对关联进行存储设计的规则相同。由于组合中的整体与部分之间的关系是紧密的，有时把作为整体的类和作为部分的类都映射为一个表。

3）对继承的存储设计。

关系数据库中对单继承进行存储的方法如下（多继承的处理方法与此类似）：

（1）把父类的各个特殊类的属性都集中到一般类中，创建一张表。

（2）父类和各个子类分别创建一张表。父类的表与各子类的表用同样属性作为主关键字。

（3）父类为抽象类时，把父类的属性放于各个子类中，每个子类各建立一张表。

有三个需要存储的永久类，代表个人收藏品的 DbObject 类是代表油画的 Painting 类和代表音乐的 Music 类的父类。

类 DbObject 被用来存放个人收藏品方面的数据，但它仅包含那些基本的收藏品项目。对于非基本类型的收藏项目，则由类 DbObject 的子类来实现。

```
class DbObject {
  String author,title,date;          // 定义父类中的成员变量
  DbObject(String a,String t,String d) {  // 定义父类中的构造函数
    author=a;
    title=t;
    date=d;
  }
  void display() {                   // 输出基本信息
    System.out.println("Author: "+author+" Title: "+title+" Date:"+date);
  }
}

class Painting extends DbObject {   // 扩展子类油画类
  int width,height;                 // 定义子类中新增的成员变量
  Painting(String a,String t,String d,int w,int h){  // 定义子类的构造函数
    super(a,t,d);                   // 调用父类的构造函数
    width=w;
    height=h;
  }
```

```
   void display() {                       // 覆盖父类中的相应方法
     super.display();                      // 调用父类中的display()方法
     System.out.println("Type:    painting"+"        Size:    width="+width+",
height="+height);
   }
 }

class Music extends DbObject {           // 扩展子类音乐类
  String performer;                       // 定义子类中新增的成员变量
  Music(String a,String t,String d,String p){  // 定义子类的构造函数
    super(a,t,d);                        // 调用父类的构造函数
    performer=p;
  }
  void display() {                        // 覆盖父类中的相应方法
    super.display();                      // 调用父类中的display()方法
    System.out.println("Type: music"+"  Performer: "+performer);
  }
}

public class DemoDB {
  public static void main(String arg[]) {
    DbObject db=new DbObject("Bruce Eckel","Think in Java","1998");
    db.display();
    Painting pb=new Painting("Joan Miro","Brid","1970",24,36);
    pb.display();
    Music ma=new Music("Mozart","Figaro","1993","Yayo Ma");
    ma.display();
  }
}
```

程序的运行结果为：

```
Author: Bruce Eckel  Title: Think in Java  Date: 1998
Author: Joan Miro Title: Brid Date:1970
  Type: painting  Size: width=24, height=36
Author: Mozart  Title: Figaro  Date: 1993
  Type: music  Performer: Yayo Ma
```

第一种方法是父类和所有子类创建的所有对象都使用同一个表，如表 7-6 所示。

表 7-6　所有对象都使用同一个表时表的结构

主键/外键	属 性 名	字 段 名
主键	收藏品编号	id
否	作者	author
否	标题	title
否	日期	date
否	油画宽度	width
否	油画高度	height
否	演奏者	performer
否	收藏品类型	type

其中的收藏品类型用于区分本行的数据是描述油画的，还是描述音乐的。

第二种方法是父类和子类各对应一张表。各表中的主关键字都为收藏品编号，检索时用收藏品编号查找相应表中的行。在父类对应的表中，要用收藏品类型确定子表。其中各表的结构分别如表 7-7～表 7-9 所示。

表 7-7　父类收藏品类所对应的表的结构

主键/外键	属　性　名	字　段　名
主键	收藏品编号	id
否	作者	author
否	标题	title
否	日期	date
否	收藏品类型	type

表 7-8　子类油画类所对应的表的结构

主键/外键	属　性　名	字　段　名
主键	收藏品编号	id
否	油画宽度	width
否	油画高度	height

表 7-9　子类音乐类所对应的表的结构

主键/外键	属　性　名	字　段　名
主键	收藏品编号	id
否	演奏者	performer

第三种方法是假设父类设备类是抽象类时，每个子类各对应一张表的方法，如表 7-10 和表 7-11 所示。

表 7-10　父类收藏品类是抽象类时子类油画类所对应的表的结构

主键/外键	属　性　名	字　段　名
主键	收藏品编号	id
否	作者	author
否	标题	title
否	日期	date
否	油画宽度	width
否	油画高度	height

表 7-11　父类收藏品类是抽象类时子类音乐类所对应的表的结构

主键/外键	属　性　名	字　段　名
主键	收藏品编号	id
否	作者	author
否	标题	title
否	日期	date
否	演奏者	performer

7.3.3　设计数据管理部分的其他方法

（1）针对面向对象数据库的数据存储设计。面向对象数据库管理系统本身提供了"存储自己"的功能，使每个对象能自己保存，所以应用系统和面向对象数据库的数据模型是一致的。只要把需要长期保存的对象标识出来即可，至于如何保存和恢复，由该面向对象数据库管理系统自己处理。

如何用面向对象数据库管理系统提供的数据定义语言（ODL）、数据操纵语言（DML）以及其他可能支持的普通编程语言来实现面向对象设计模型是数据管理部分需要考虑的问题。而用 ODL 实现类和对象等概念的定义，用 DML 实现对象数据库的访问，都属于实现阶段的工作。

（2）针对文件的数据存储设计。针对文件系统的数据存储设计的具体方法与使用关系数据库系统进行设计类似。先根据需要存储的对象的属性值，列出永久类的相应属性，使类的属性列表符合所需要的范式定义，再把每个符合范式定义的那些属性定义为一个文件。进而可以按文件的结构读写文件，或按串读写文件。只是数据接口部分的工作要麻烦一些，需要考虑并发存取和进行记录更新期间的锁定和安全，以及对文件进行检索等问题。

7.4　控制驱动部分的设计

7.4.1　概述

控制驱动部分，也称任务管理部分，是面向对象设计模型中的一个组成部分。该部分由系统中主动类构成，这些主动类是对系统主动对象的描述，每个主动对象驱动了系统中一个控制流。所有的主动类构成面向对象设计模型的控制驱动部分。

控制流是一个在处理机上顺序执行的动作序列，可以是进程（Process）或者线程（Thread）。在顺序程序中只有一个控制流，在并行/并发程序中含有多个控制流。

主动对象的主动服务发起控制流的执行。程序运行时，当一个主动对象被创建时，它的主动服务将被创建为一个进程或者线程。主动服务按照程序定义的操作逻辑调用其他对象的服务，形成了一个控制流。

根据问题域和系统责任，以及计算机硬件、操作系统和其他系统软件、网络硬件与软件、网络拓扑结构、系统分布方案、软件体系结构风格等实现条件，设计系统的并发/并行执行和控制流。把控制驱动部分作为面向对象设计模型的一个独立的组成部分来设计，将使上述实现条件的变化只影响这一个部分，隔离对其他部分的影响。

7.4.2　系统的并行/并发性

现代计算机发展历程可以分为两个明显的发展时代：串行计算时代、并行计算时代。并行计算机是由一组处理单元组成的，这组处理单元通过相互之间的通信与协作，以更快的速度共同完成一项大规模的计算任务。因此，并行计算机的两个最主要的组成部分是计算结点和结点间的通信与协作机制。并行计算机体系结构的发展也主要体现在计算结点性能的提高以及结点间通信技术的改进两方面。

1．一个日常生活中例子

现实生活中并行/并发解决问题的方式有很多，例如手脚并用、边听边写。

下面讨论一下"统筹方法"中的泡茶问题。想泡壶茶喝：开水没有；水壶要洗，茶壶茶杯要洗；火生了，茶叶也有了。怎么办？

甲：洗好水壶，灌上凉水，放在火上；在等待水开的时间里，洗茶壶、洗茶杯、拿茶叶；等水开了，泡茶喝。

乙：做好一些准备工作，洗水壶，洗茶壶茶杯，拿茶叶；一切就绪，灌水烧水；坐待水开了泡茶喝。

丙：洗净水壶，灌上凉水，放在火上，坐待水开；水开了之后，急急忙忙找茶叶，洗茶壶茶杯，泡茶喝。

哪个人的做法节省时间？显然是甲，因为另外两个人的做法都"窝工"了。

事实上，洗开水壶是烧开水的先决条件：没开水，没茶叶，不洗茶壶、茶杯，就不能泡茶，因而这些都是泡茶的先决条件。而烧开水，洗茶壶、茶杯，拿茶叶没有严格的先后关系。

假设洗开水壶需要 1 分钟，把水烧开需要 10 分钟，洗茶壶、茶杯需要 2 分钟，拿茶叶需要 1 分钟，而泡茶需要 1 分钟。甲总共要 12 分钟（而乙、丙需要 15 分钟）。如果要缩短工时，提高效率，主要是烧开水这一环节，而不是拿茶叶这一环节；同时，洗茶壶、茶杯，拿茶叶总共需要 3 分钟，完全可以利用"等水开"的时间来做。

同时，如果有两个机器人，让它们泡茶，那最好的方法显然是按照"甲"的做法分工：机器人 A 去烧水，机器人 B 洗茶具；等水开了，泡茶喝。这里应用了分块的思维——把不相关的事务分开给不同的处理器执行。

如果由甲一人来完成这个泡茶过程的话，图 7-21 中 A 框部分可以并行。

如果由两机器人来完成，而且有不少于 2 个水龙头供机器人使用，那图 7-21 中 B 框的部分都可以并行而且能取得更高的效率。

可见能够合理利用的资源越多，并行的加速比率就越高。

图 7-21　泡茶问题

2. 顺序、并发与并行

顺序程序（Sequence Program）中只有一件事在进行处理，即使程序中包括多项工作，也不会在一个时间段同时做两项或者更多工作。程序中可以有分支、循环、子程序调用等各种复杂情况，但是一切都按确定的逻辑进行。赋予程序相同的输入，无论把这个程序执行多少次，其控制线路和执行结果都是相同的。顺序程序对应的系统就是顺序系统。

并发系统在同一段时间内执行多个任务，这些任务之间又没有确定的时间关系。描述并发系统的程序叫做并发程序（Concurrent Program）。程序要执行的多个任务在时间上没有确定的逻辑关系，但是又相互影响。这些任务的执行是相互交叉的，并且竞争地抢占处理机资源和其他资源。各个任务的交互和切换情况是随机的，甚至在一段时间内将有多少个任务并发执行也不能事先料定。并发系统最典型的例子是操作系统。在一个操作系统中要处理用户作业的运行、各种设备的驱动、各级中断处理、系统的高级调度和低级调度等多种并发执行的任务。并发程序在运行时，多个进程按一定的调度策略轮流地占用一个或多个处理机资源。每个进程是一个处理机分配单位。当它获得处理机资源时，就被执行；当它失去处理机资源时，其运行现场被保留下来，等待下一次获得处理机资源时恢复现场，从断点继续执行。从微观的角度看，每一台处理机在任何时刻至多只有一个进程在其上执行。所谓"多个进程并发执行"或"多个任务同时执行"是从比较宏观的时间尺度上说的。

总之，并发指宏观（从应用程序开发者层次上看的，时间尺度较大）上计算机可以同时执行多个不相关的工作任务（是并行的），但在微观（从操作系统的线程管理角度和计算机硬件工程师层次）上看的，时间尺度很小角度来看，这些工作任务并不是始终都在运行，每个工作任务都呈现出走走停停这种相互交替的状态。三个任务在单处理器上交替执行的情形如图 7-22 所示。

图 7-22　三个任务在单处理器上交替执行

图中可以看到通过轮流使用单个处理器，尽管在任何时刻都只有一个工作任务在运行，但在一个比较长的时间间隔内，所有的工作任务都在并行运行中。由此可见，并发的好处之一就是使有限的处理器资源可以并行运行超过处理器个数的多个工作任务。所以，在操作系统级别，不管计算机本身是单核系统还是多核系统，都是采用微观上的并发来实现宏观上的并行，绝不允许一个工作任务长时间地独占某个处理器直到其运行结束。

并行计算（Parallel Computation）的目标是，把一个本来可以顺序执行的任务，分解成多个可并行处理的子任务，把它分布到多个处理机上同时进行计算，以加快提高计算速度。一个任务能否被分解以及如何分解，是并行计算理论所研究的问题。并行计算要求在一个进程内部定义一些能够分别占用处理机，而且能够同时进行计算的执行单位（或处理机分配单位），每个这样的单位就是一个线程。一个进程内部可以包含一个或多个线程，它们共享这个进程所获得的资源；但是对处理机资源而言，每个线程是一个独立的处理机分配单位。这样处理更有利于计算机资源的合理利用，因为一个并行计算任务通常需要多个 CPU 和一组被多个线程共享的其他资源。线程的运行与调度需要操作系统支持，它的描述需要编程语言的支持。20 世纪 80 年代及其以后出现的许多操作系统和编程语言都支持这一概念。

总之，并行（Parallelism）是指多个工作任务在拥有多核 CPU（或多个单核 CPU）的多处理器计算机上同时执行。在这些工作任务运行的过程中，除非有任务提前结束或者延迟启动，否则，在任一时间点总有两个以上的工作任务同时运行。只要是同时运行的，就可以称之为是并行的。并行执行的三个工作任务在三个处理器上同时运行的情形如图 7-23 所示。

图 7-23　三个任务在三个处理器上同时运行

3. 进程和线程

进程和线程都是一个控制流，每个控制流的源头都是一个主动对象的主动服务。从主动服务开始执行，通过调用其他对象的服务形成整个控制流。

1）进程

进程（Process）概念的出现使并发程序的设计思想发生了革命性的变化。把一个并发程序分解成若干能够顺序执行的程序单位，每个这样的程序单位的一次执行就称做一个顺序进程。动态地看，一个并发程序的运行实际上是由若干顺序进程在相互并发地执行。但是每一个进程在逻辑上却是顺序执行的，其内部不再含有要求并发执行的多个任务。从程序的静态描述来看，并发程序的描述被分解为对若干顺序进程的描述。重点解决的问题是多个进程在执行中的资源共享、通信、同步与互斥、创建、撤销、挂起、唤醒、切换等。

进程与进程之间是并发执行的，但是进程本身是顺序的。在共享处理机资源的几个进程中，某个进程获得了处理机，控制点就转移到这个进程中。所以，进程是一个控制单位，又是一个由系列动作构成的流，称做一个控制流。

进程既是处理机资源的分配单位，同时又是其他计算机资源的分配单位。一个进程被激活执行，除了必须获得处理机之外，还需要其他资源：内存空间、外部设备等硬件的、物理的资源，文件、数据、模块、显示窗口等软件的、逻辑的资源。有的分配被一个进程作为其私有资源——进程的生命期内被独占，有的被多个进程共享的，这些进程可在某种策略的控制下无冲突地访问共享资源。

在编程中，并发 Pascal、Modula 2、Ada 等并发程序设计语言可以在一个程序中定义多个进程，并解决进程之间的同步、互斥、资源共享等问题。这种语言通常被称做并行语言，使用这种语言实现一个并发系统可以只编写一个程序。C、Pascal、Fortran 等通用的编程语言不具备描述并发程序的功能，但是可以编写多个顺序程序创建多个进程，或者多次启动一个程序而创建多个进程，在操作系统的支持下实现这些进程之间的并发。

2）线程

线程（Thread）的概念出现于进程之后。它可以看做是并发程序设计技术的进一步发展，然而更重要的原因是由于并行计算技术的需要。进程既是处理机资源的分配单位又是其他资源的分配单位；而线程仅仅是处理机资源的分配单位。一个进程可以包含一个或者多个线程。因此把进程称做重量级的控制流，而把线程称做轻量级的控制流。

从应用的角度看，进程的概念适合解决系统固有的并发性问题。如果一个系统中的若干任务在本质上或者逻辑上是需要并发执行的，就把每个这样的任务定义成一个顺序进程。由多个顺序进程构成一个并发系统，实现固有的并发。进程也可以解决系统非固有的并发性问题。从需求和逻辑上看并不要求并发处理，但是为了提高运算效率或者为了便于实现等目的而人为增加系统的并发度，设计更多的进程进行处理。而解决一个并行计算问题时，通过在进程内部产生多个线程可能比定义更多的进程更为合理。并行计算问题只需要利用多个 CPU 来提高计算速度，而对其他资源的需求则是共同的一组进程。把整个问题的求解作为一个进程，进程中包含多个实现并行计算的线程。

并发程序设计语言能定义被多个进程共享的数据，例如在并发 Pascal 中可以用管程（Monitor）描述被多个进程共享的资源，并实现进程对共享资源的排斥访问。而 C++，Java 等目前流行的编程语言中，定义被多个进程共享的数据是很困难的。但它们引入了线程概念，扩充了对线程的支持，包括对线程的描述、创建和运行的支持，从而也能够描述并行/并发系统。用一个进程内部的多个线程实现并行/并发，就可以很方便地把进程的私有数据作为被它的各个线程共享的数据，从而使这些线程可以通过其共享数据交换信息。

4．应用系统的并行/并发性

随着计算机网络、多处理机系统、分布式处理、并行计算等计算机软硬件技术的发展以及计算机应用领域的扩大，大量的应用系统都需要被设计成并行/并发系统。

从网络、硬件平台的角度看，应用系统的并行/并发性主要有以下几种情况：

（1）分布在通过网络相连的不同计算机上的进程之间的并行；

（2）在多 CPU 的计算机上运行的多个进程或线程之间的并行/并发；

（3）在单 CPU 的计算机上运行的多个进程或线程之间的并行/并发。

从应用系统的需求看，主要在以下几种情况下系统是并行/并发的：

（1）用户需要跨地域进行业务处理的系统；

（2）同时使用多台计算机或者一台计算机的多个 CPU 进行处理的系统；

（3）同时供多个用户或者一个用户的多个操作者使用的系统；

（4）在同一时间提供多项功能，或者对多项功能的处理发生在同一时间的系统；

（5）通过多个对外接口与系统外部的多个人员、设备或其他系统同时进行交互的系统。

5．系统实例

很多情况下开发环境和运行环境已经解决了系统的并行/并发问题，以下是几个典型的例子。但是，许多系统的并行/并发问题需要在软件的设计和实现中采取一定的措施，这部分内容在后续章节讨论。

【例 1】 教务管理系统。

（1）用 C 语言编写一个 Windows 程序，供教务员登记、查阅和统计学生考试成绩，所有课程的成绩表保存在一个文件中。该程序采用顺序程序结构，每执行一次程序就显示一个对话窗口，教务员可通过多次启动该程序而在多个窗口中进行不同的操作。

程序启动一次，就在 Windwos 操作系统的支持下创建了一个进程。多次启动就创建多个进程，该程序以及它使用的文件构成了一个并行/并发的应用系统。因为有特定运行环境的支持，程序员没有解决与进程的并行/并发执行有关的任何问题，Windows 操作系统解决了进程的创建、撤销、调度、资源分配等问题。

（2）用 C 语言编写两个 Windows 程序，一个程序教务员用来登记成绩表，另一个程序本单位的任何教师或学生用来查阅成绩，两个程序共享同一个保存成绩表的文件。

两个顺序程序连同它们所使用的文件共同构成了一个并发系统。每个程序定义一类进程，每一次启动就创建一个相应的进程。教务员可以在一台终端上把负责登记成绩表的程序启动两次，在两个窗口中分别登记不同课程的成绩表。与此同时，可能有三个学生各在一台终端上启动另一个程序来查阅成绩。此时系统中同时有五个进程在并行/并发运行。进程之间所有的并行/并发处理问题都由 Windows 操作系统解决，不需要程序员为此做更多工作。

（3）在上例的基础上，采用 C/S 体系结构，允许教务员或者任何一位任课教师通过网络在不同的计算机上登记成绩表，也允许学生在网络的任何结点上查阅成绩。设计方案是：成绩表存放在服务器端，由一个数据服务器提供数据查询、数据更新等基本服务；安装在每台客户机上的程序与上例一样，也是一个负责成绩登记的程序和一个负责成绩查询的程序，但它们不访问本机的文件，而是访问远程的数据库。

服务器上提供的服务以及每台客户机上运行的程序是相互并行的，每一台计算机上的不同进程也是相互并行/并发的。多个客户端的进程并行地访问同一个数据库时，数据库管理系统解决共享、互斥、数据完整性等问题；每台客户机上多个进程之间的并行/并发处理由 Windows 操作系统解决。

（4）在上例的基础上，采用 B/S 体系结构。设计方案是：负责成绩登记和成绩查看等功能的所有程序都在服务器上运行，客户机上只剩下一个产生浏览界面的程序。服务器上完成各项功能的进程是并行/并发执行的；一台客户机上也可以运行多个浏览界面，多个进程并行/并发执行。并行/并发处理由数据库管理系统和 Windows 操作系统解决。

【例 2】地球物理石油勘探数据处理系统，把通过数据采集设备获取的数据输入系统，经过数据处理，将地质信息显示在屏幕上。

（1）用三个进程分别负责数据的输入、处理和输出。编写三个 C 程序，分别用于输入进程、数据处理进程和输出进程的创建，三个进程并行/并发执行完成系统功能，如图 7-24 所示。

图 7-24　用多进程实现数据的输入、处理和显示

这种设计方案的问题是用每个 C 程序所创建进程不能共享同一片内存空间中的数据，每个进程能够操作的数据只能是在它分配的数据空间中的私有数据。于是上述三个进程间只能通过使用进程间的通信（IPC）传送数据信息。由于数据量很大，将使系统性能受到严重影响，成为实时要求较高的系统运行时的瓶颈。

（2）设计方案利用线程实现三个控制流。只设计一个进程，用一个 C 程序来实现。在这个程序中定义了三个线程，分别负责输入、数据处理和显示，通过线程与线程之间的并行/并发体现系统的并行/并发性（见图 7-25）。在一个进程内部这三个线程都共享该进程所定义的数据，不需在不同控制流间传送数据，可以解决上例的问题。但是要考虑从多个线程之间数据互访问的实现，处理之前和处理之后的数据要分别用两个数据结构来描述等。

图 7-25　用多线程实现数据的输入、处理和显示

（3）石油勘探数据处理系统不仅需要勘探数据实时地显示出来，而且需进行更多的处理。可以设计若干进行各种专业化处理的进程，进程内部含有多个线程。各个进程之间的数据交换不那么频繁，可以通过文件系统或者数据库管理系统来实现数据共享，也可以在进程之间通过 IPC 或 RPC 传送数据。进程内部各个线程仍然共享进程私有数据空间的数据。系统中既有进程与进程之间的并行/并发，又有线程与线程之间的并行/并发，如图 7-26 所示。

图 7-26 同时采用多进程和多线程

从分配处理机资源这个角度看，无论一个进程还是一个线程都是一个独立的处理机分配单位，都是一个控制流。在设计开始时，问题的关键在于从逻辑上理清这些控制流。此时可以暂时忽略进程和线程之间的区别，只强调它们都是控制流。在深入考虑实现细节时，再根据操作系统、编程语言等条件决定把它们设计成进程还是线程。

7.4.3 设计控制驱动部分的方法

设计控制驱动部分的关键是识别系统中所有并发执行的任务，再用主动对象来表示这些任务。在网络环境下，系统中并发执行的任务与软件体系结构风格和系统分布方案等有关。

1．选择软件体系结构风格

分布式系统分布在不同处理机上的系统成分之间的通信方式，是由软件体系结构风格决定的。现在的技术条件下主要使用客户–服务器体系结构的几个变种：对等式客户–服务器体系结构、二层客户–服务器体系结构、三层客户–服务器体系结构、浏览器–服务器体系结构。

软件体系结构风格的选择，要综合考虑下面的各种因素，做出合理权衡。

（1）被开发系统的特点。如系统类型、用户需求、系统规模、使用方式等。

（2）网络协议。不同的网络协议支持不同的体系结构风格。

（3）可用的软件产品。网络软件、操作系统、数据库管理系统、现有的数据服务器等。

（4）成本。购置相应硬件及软件的成本、新开发软件的成本、系统的安装与维护成本。

（5）技术人员对所选择体系结构风格下实现技术的熟练程度以及所需的工期。

软件体系结构风格的确定，对系统分布方案有决定性的影响。

2．确定系统分布方案

系统的分布方案可以从数据分布和功能分布两个方面进行考虑，将系统的数据和功能分布到各个结点上。面向对象方法开发的系统中，所有的数据和功能都是以对象为单位的。要对对象在各个结点上的分布进行设计，并把对象分布情况在类图中表示出来。下面从对象的分布、类的分布等方面考虑，把对象分布到通过网络相连的各台计算机上的设计方案。在模型中表示这种分布方案，每个结点是整个类图的一个局部，用一个包表示，如图 7-27 所示。

图 7-27　把集中式的类图分散到各个结点上作为包

1）对象的分布策略

面向对象方法开发的应用系统，数据分布和功能分布都将通过对象的分布而体现。总的原则是，把通信频繁、联系紧密的对象分布在同一个结点或者传输距离相近的结点上，尽可能减少网络上的通信频度和传输量。

（1）由功能决定对象分布。在面向对象的系统中，系统的所有功能都是由对象通过其服务提供的。有些对象直接向系统边界以外的活动者提供了外部可见的功能，有些对象只是提供了可供系统内部的其他对象使用的内部功能。在用户需求中，对系统的外部可见功能大多针对特定的计算机。设计者可以根据上述要求，把直接提供外部可见功能的对象分布到相应的计算机上，与这些对象通信频繁或静态联系密切的其他对象也分布到相同的位置。

如果在网络的多个结点上都要求提供相同的功能，例如系统中有多台功能相同的客户机，那么就在每个结点上都分布提供这种功能的对象。即同一个类的不同对象，可以分布到每一台需要这种功能的计算机上。

（2）由数据决定对象分布。系统中有许多数据是根据用户需求和宏观的设计决策要求，集中保存和管理的。例如不同的用户对数据拥有的权限职责，以及建立哪些数据库或数据缓冲机制。

首先根据上述要求决定一部分对象的分布。把通过自己的属性保存上述数据的对象分布到相应的结点上。例如，把要求在一个关系数据库中保存数据的对象分布到这个数据库所在的服务器上。然后，把对这些数据操作频繁并且向其他对象提供公共服务的对象分布在同一个结点上。

数据管理部分与控制驱动部分是相关联的，主要有以下几方面：

① 当应用系统中一个类的对象需要在文件或关系数据库中存储时，则定义与这个类数据结构一致的文件或数据库表。

② 该类的每个对象用文件的一个记录，或者用数据库表的一个元组保存。在文件或数据库表中增加一个记录或一个元组，就是创建了该类的一个对象。

③ 需要设计一个名为"对象存取器"的类，负责把内存中的对象保存到文件或数据库表中，以及把文件或数据库表中的对象数据恢复成内存中的一个对象。

按照这种对象存储策略，在考虑对象分布时，所有需要在文件或者数据库中长期保存的对象，都被分布到其文件或数据库所在的结点上。"对象存取器"类的对象实例也分布在同个结点上。此外，在每一台要处理某一类对象的计算机上，都要按实现其处理所要求的数量创建相应的对象。

（3）参照面向对象分析的用例。面向对象分析中定义的每个用例所描述的功能，都由系统中一组紧密合作的对象来完成。这组紧密合作的对象应该分布到提供该项功能的那个结点上，这个结点就是在这个用例中参加交互的活动者直接使用的那台计算机。

通过面向对象分析的交互图，可以确定完成某个用例的紧密合作的对象。交互图中紧密合作的对象是通过控制流内部的消息相联系的，而松散合作的对象是通过控制流之间的消息相联系的。

（4）追踪消息。在一个集中式的类图中追踪控制流内部的消息，可以决定系统中对象的分布。从发起控制流的主动对象的一个主动服务开始，或者从一个与系统外部的活动者直接交互的对象服务开始，追踪由它发送的每个控制流内部的消息，发现消息接收者，重复追踪发现全部对象。通过控制流内部的消息相联系的对象，分布在同一个结点上。否则，它们之间的通信由控制流内部变为控制流之间，由本机通信变为远程通信，增加网络传输，系统性能受到影响。

2）类的分布

如果整个系统只需要在一个结点上创建某个类的对象，那么这个类就分布在这个结点上，以便于用这个类创建相应的对象。

如果系统需要在多个结点上创建同一个类的对象实例，那么这个类就要分布到每个需要它的结点上。可以把其中一个结点上的这个类作为正本，把其他结点上出现的这个类表示为副本。一般的做法是服务器上的这个类作为正本，多个客户端上的这个类作为副本。副本的类在类名之后注明"《副本》"字样，属性栏和服务栏不写任何内容。表明在这个结点上需要用这个类创建对象，但它的定义是由该类的正本给出。

3）类图的划分

把系统的集中式的类图分散到各个结点上，分别描述分布在各个结点上的对象，把每个结点上的类组织成一个包，从而表明对象和类在各个结点上的分布情况。

可以把每个结点上的包作为一个独立的子系统，用完整的类图表示。图中要包括所有在这个结点上直接创建对象的类，还要把这些类所要引用的其他类表示出来，例如这些类继承的父类。这种策略的优点是每个结点的类图都可以在这个结点上独立地编程实现，缺点是各个结点上相互重复的类较多。用副本表示法来表示重复出现的类，包括副本的祖先。

也可以把每个结点的包作为在整个类图的一部分，而不是一个独立的类图。只需要把直接创建对象的类表示出来，这些类所要引用的其他类不需要表示出来。在多个结点重复出现的类采用副本表示法，但是副本的祖先就不再以副本的形式出现。

假如已经建立如图 7-28（a）所示的集中式的类图。其中类 A、B、C、D、E、F、G 描述的对象分布到服务器上，类 D、H 描述的对象分布到客户机上。类 D 既要在服务器上创建对象，也要在客户机上创建。

不管客户机的包怎样描述，描述服务器的包的策略是一样的，如图 7-28（b）所示。而客户机的包可以在显式地表示直接创建对象的类 D 的同时，它的父类 A 也在这个包中出现，都以副本的形式出现，如图 7-28（c）所示。这样，在实现时可以清楚地看出所有需要在这个结点上建立源代码的类以及它们之间的关系，同时也知道类 D 和类 A 的源代码可以从服务器包复制，不需要重新编写。这种策略适合较大的系统，把在每一种结点上实现的软件看成一个子系统。整个系统的模型由多个描述子系统的类图构成，可以分别实现。

客户机的包也可以只描述直接在客户机上创建对象实例的类 D，以副本的形式出现，它的父类 A 则不出现，如图 7-28（d）所示。这种表示策略比较简练，但是实现时要更多地参阅服务器包。这种策略适合较小的系统，整个系统可以只用一个完整的类图表示。

（a）一个集中式类图　　　　　　　　（b）服务器包

（c）客户机包（第一种策略）　　　（d）客户机包（第二种策略）

图 7-28　按结点划分包

针对一个结点所定义的包并不只是局限于一个结点上，它定义了一类结点的实现。在 C/S 体系结构中，往往有多个客户机上的系统成分是完全相同的，所有系统成分相同的结点只需用一个包来描述。

在面向对象分析中，把包作为对系统中的类进行组织并进行粒度控制的一种机制。如果把面向对象设计中按结点划分的包，与面向对象分析的包简单地叠加，就会有太多的交叉。可以在对象分布方案确定之后，重新考虑整个系统的包划分。先把以结点为单位的包确定下来，如果一个结点上的类太多，再参照面向对象分析模型中的包划分，在这个结点内部划分内层的包。面向对象分析的某些包可能要被取消，以减少交叉。

按结点划分包，便于分别在各个结点上实现系统的各个局部，也有利于识别并行/并发执行的控制流并用主动对象表示。分布式系统中的并行/并发与分布的结点关系密切，通常要分别针对各个结点考虑控制流的设计和实现。

3. 识别控制流

系统分布方案确定后，分布在不同结点的程序在各自的计算机上运行，彼此间自然是并行/并发的。同时，分布在各个结点上的功能通过在不同的计算机上执行达到并行/并发，这样从用户需求出发也部分地确定了系统中并行/并发执行的任务。

识别控制流的关键是以结点为单位识别。以每个结点为单位考虑在各结点上运行的程序的并行/并发，设计进程或线程控制流，以及结点间相互通信。

每个结点提供的系统功能中，也需要考虑在同一台计算机上并行/并发执行的任务。例如，用户要求在同一台计算机上不同的窗口中同时处理多项业务，或者为提高计算速度而把顺序执行的任务分解成可并行计算的多个子任务。

在选定的软件体系结构和系统分布方案的基础上，进一步采取下面的策略识别控制流。要避免多余的并行/并发，多余的并行/并发意味着系统复杂性和运行开销的增加。

1）通过用例识别控制流

面向对象分析定义的每一个用例都描述了一项独立的系统功能。它描述了一项系统功能的业务处理流程，有可能需要通过一个控制流来实现业务处理流程。

不是每个用例都需要设计成控制流。例如，一个用例中所含的人机交互，如果是由系统首先发起的，表明它只是在某个控制流的驱动下完成了一项功能，作为其他控制流的一个组成部分去实现，它本身并不构成一个完整的控制流。

通常，下面情况应考虑针对一个用例专门设计相应的控制线程：一个用例描述的功能能够与系统的其他功能同时进行处理，一个用例描述的功能可以在未经系统提示的情况下随时要求执行，一个用例描述的功能是对系统中发生的异常事件进行异常处理。

2）通过主动对象识别控制流

在面向对象分析模型中，主动对象是问题域中一些有主动行为事物的抽象描述。主动对象的一个主动服务，是创建后不必接收其他对象的消息就可以主动执行的服务，从系统运行的角度看是一个控制流的源头。面向对象设计可以通过主动对象确定这些控制流。

3）从设计策略上识别控制流

（1）增设控制流改善性能。增设执行以下几类任务的控制流，可以改善性能，通常采用进程。

① 高优先级任务：系统中的某些工作要求在限定的时间或者尽可能短的时间内完成。把这些对时间要求较高的工作从其他工作中分离出来，作为独立的任务，用专门设计的控制流实现，在执行时赋予较高的优先级。

② 低优先级任务（后台进程）：系统中复制数据备份等工作在时间上要求很低，甚至没有时间要求。把这些工作与实时性要求较高的工作分离出来，作为独立的任务，用专门设计的控制流实现，在执行时赋予较低的优先级，就不会在业务繁忙时占用宝贵的处理机时间。

③ 紧急任务：系统在遇到电网中断、地震等紧急情况时，要求在极为有限的时间内完成一些至关重要的紧急处理。在紧急情况下必须立即处理的工作，作为单独的任务，用专门的控制流去实现，它的执行不允许任何其他任务干扰。

（2）实现并行计算的控制流。并行计算的目的也是为了提高性能。并行计算中由一个任务分解成的每个可并行计算的子任务，都应被设计为一个控制流。通常一个任务由一个进程实现，各个子任务由线程实现。

（3）结点间通信的控制流。应用系统中结点之间的通信，与软件体系结构风格和设计时系统的构造策略有关。在有些情况下，为了实现的方便，要设计专门负责与其他结点通信的控制流。例如，在每个结点上设计一个负责对外通信的进程，它时刻关注来自其他结点的服务请求，并把这种请求转发给提供这种服务的其他进程。

（4）协调其他控制流的控制流。一个结点上有多个控制流时，需要设计一个对这些控制流进行协调和管理的控制流，通常是进程。例如，设计一个主进程，负责系统的启动和初始化、其他进程的创建与撤销、资源分配、优先级的授予等工作。

4．用主动对象表示控制流

在面向对象的系统模型中，控制流在类图中没有显式地表示，而是隐含表示的。但是从逻辑上讲，类图能够清楚地描述控制流。一个控制流就是主动对象中一个主动服务的一次执行。主动服务执行时调用其他对象的服务，后者又调用另外一些对象的服务，形成一个控制流的运行轨迹。

在面向对象的系统中，一个控制流都可以用主动对象的一个主动服务来描述。主动对象类及其主动服务的表示法是：在类符号的名字栏，在类名之前增加一个字符"@"；在类符号的服务栏，在每个主动服务前增加一个字符"@"，如图 7-29 所示。

1）区别进程和线程

在面向对象设计中，要区别一个主功服务所表示的控制流是进程还是线程。一个主动服务需要被实现为进程时，在书写时应对齐服务栏的最左边；一个主动服务需要被实现为线程时，在服务栏中缩进一格开始书写。允许在一个主动对象类中只定义一个描述进程的服务，或者只定义一个描述线程的服务。

任何一个线程都是隶属于一个进程的。把一个进程和它们内部的线程分散到不同的对象去表示，它们之间的隶属关系就不明显了。所以，把一个进程以及隶属于它的所有的线程都组织在一个对象中。线程写在它们所属的进程之下，与之邻近，并且缩进一格开始书写。该对象也允许有若干被动服务。这种集中式表示法的缺点是一个主动对象过于庞大。

在 UML 中，在类的名字栏中内加《process》或《thread》，以表明这个类所描述的是进程还是线程。这样，进程和它内部的线程只能分散在不同的对象中，而且也不能指明对象中的哪个操作是主动的，除非限制主动对象只含有一个操作。

2）主动对象表示控制流遵循的应用规则

（1）在一个表示进程的主动对象中，有且仅有一个表示进程的主动服务。每一个进程分别用一个主动对象来表示，同一类的全部主动对象用一个主动类来描述。

（2）若要把一个进程和隶属于它的线程分散到不同的对象中表示，则尽可能使每个对象中只含有一个表示线程的服务。这时，要把由进程创建其线程的消息表示出来，说明每个线程隶属的进程（见图 7-30）。

图 7-29　在主动对象类中表示进程和线程

图 7-30　显式地表示由进程创建线程

（3）把进程和隶属于它的线程放在一个对象中表示时，应该把这个进程的全部线程都放在同一个对象中，避免一部分集中，一部分分散。使模型更容易理解，显得整齐和美观。

5. 把控制驱动部分看做一个包

主动对象表示系统中所有的控制流，在面向对象设计模型中会定义若干主动类。用一个包把所有的主动类组织在一起，这个包就是面向对象设计模型的控制驱动部分。把控制驱动部分看成一个包，便于从宏观上理解面向对象设计模型的这个组成部分。问题域部分、人机交互部分以及数据接口部分同控制驱动部分一样，都可以被看做一个包。

对于分布式的应用系统，在面向对象设计模型中用包表示系统在各个结点上的分布情况，有助于识别并行/并发执行的控制流，也便于针对不同的结点分别进行系统实现。如果在一个结点上分布的类较多，在表示这个结点的包中保留面向对象分析阶段识别的包，有助于对复杂结点的理解。

第8章 并行软件设计与实现

学习目标

- 了解并行计算的基础知识
- 掌握 Java 并行软件设计与实现技术基础
- 掌握 OpenMP 并行软件设计与实现技术基础
- 掌握 MPI 并行软件设计技术与实现基础

上一章控制驱动（任务管理）部分已经介绍，很多情况下操作系统、数据库管理系统等开发或运行环境已经解决了系统的并行/并发问题，但是仍有许多系统的并行/并发问题需要在软件的设计和实现中采取一定的措施。本章从 Java 多线程机制、OpenMP 共享内存多线程并行技术和 MPI 消息传递并行技术三方面讲述应用系统并行软件的设计和实现技术。

8.1 并 行 计 算

考虑图书馆图书上架的问题，书按类上架，书架依据在书库中的位置分成一些组。如果一工人单独完成，不能按要求的速度完成任务。如果多个工人完成，每次一个人只往书架上放一本书，可以考虑下面两种方法。

（1）所有的书籍平均分配给每个人去完成。每个工人将书上架必须走遍所有的书架，这种划分方法不是太有效。

（2）将所有书架分组，且平均分配给各个工人负责，同时将所有图书平均分配给每个工人去上架。如果工人发现一本书属于自己所负责的书架上，则将其放入书架。否则，将这本书传给所在书架对应的工人。这种分法的效率比较高。

上述例子说明：将一个任务划分成一些子任务，并分配给多个工人去完成，工人们相互合作、并在需要时相互传递图书，这种和谐协调的工作方式可较快地完成任务。

并行计算就是严格地按照上述原理来完成的。上述例子涉及并行计算相关的两个概念：任务划分——将图书平均分配给所有工人；通信——工人之间传递图书就是子任务通信。

并行计算，又称高性能计算、超级计算，是指同时对多个任务或多条指令、或对多个数据项进行处理。并行计算的主要目的是提供比传统计算机快的计算速度，以及解决传统计算机无法解决的问题。

完成并行计算的计算机系统称为并行计算机系统，它是将多个处理器（可以几个、几十个、几千个、几万个等）通过网络连接以一定的方式有序地组织起来。计算的连接方式涉及网络的互联拓扑、通信协议等，而有序的组织则涉及操作系统、中间件软件等。

并行计算机是由一组处理单元组成的，这组处理单元通过相互之间的通信与协作，以更快的速度共同完成一项大规模的计算任务。因此，并行计算机的两个最主要的组成部分是计算结点和结点间的通信与协作机制。并行计算机体系结构的发展也主要体现在计算结点性能的提高以及结点间通信技术的改进两方面。

并行软件的一般开发过程是给定并行算法，采用并行程序设计平台，通过并行实现获得实际可运行的并行程序，在并行计算机上运行该程序，评价该程序的实际性能，揭示性能瓶颈，指导程序的性能优化。

性能评价和优化是设计高效率并行程序必不可少的重要工作。并行程序的执行时间是评价一个并行程序执行速度的时间，并行加速比就是指对于一个给定的应用，并行算法（或并行程序）的执行速度相对于串行算法（或串行程序）的执行速度加快了多少倍。并行程序的执行时间等于从并行程序开始执行到所有进程执行完毕所花费的时间，可进一步分解为计算 CPU 时间、通信 CPU 时间、同步开销时间、同步导致的进程空闲时间。

（1）计算 CPU 时间：指令执行所花费的 CPU 时间，可以分解为两部分，一部分是程序本身指令执行占用的 CPU 时间，即通常所说的用户时间，主要包含指令在 CPU 内部的执行时间和内存访问时间，另一部分是为了维护程序的执行，操作系统花费的 CPU 时间，即通常所说的系统时间，主要包含内存调度和管理开销、I/O 时间，以及维护程序执行所必须的操作系统开销等。通常情况下，系统时间可以忽略。

（2）通信 CPU 时间：进程通信花费的 CPU 时间。

（3）同步开销时间：进程/线程同步花费的时间。

（4）空闲时间：当一个进程阻塞式等待其他进程的消息时，CPU 通常是空闲的，或者处于等待状态。空闲时间是指并行程序执行过程中，所有这些空闲时间的总和。

另外，如果进程/线程与其他并行程序的进程/线程共享处理器资源，则该进程/线程和其他进程/线程只能分时共享处理器资源，因此会延长并行程序的执行时间。一般假设并行程序在执行过程中，各个进程/线程是独享处理器资源的。

8.2 Java 多线程机制

Java 语言的一个重要功能特点就是内置对多线程的支持，它使得编程人员可以很方便地开发出具有多线程功能，能同时处理多个任务的功能强大的应用程序。

8.2.1 概述

Java 通过线程有效地实现了多个任务的并行/并发执行。

1. 线程的状态与生命周期

每个 Java 程序都有一个默认的主线程，对于 Application，主线程是 main()方法执行的线索；对于 Applet，主线程指挥浏览器加载并执行 Java 小程序。要想实现多线程，必须在主线程中创建新的线程对象。

Java 语言使用 Thread 类及其子类的对象来表示线程，线程也有一个从产生到消亡的生命周期。

在一个线程的生命周期中，它总处于某一种状态中。线程的状态表示了线程正在进行的活动以及在这段时间内线程能完成的任务，如图 8-1 所示。

图 8-1　线程的生命周期

（1）新建：当一个 Thread 类或其子类的对象被声明并创建时，新生的线程对象处于新建状态。此时它已经有了相应的内存空间和其他资源，并已被初始化。处于这种状态时只能启动或终止该线程，其他操作都会失败并且会引起非法状态处理。

（2）就绪：处于新建状态的线程被启动后，将进入线程队列排队等待 CPU 时间片，此时它已具备了运行的条件，一旦轮到它来使用 CPU 资源时，就可脱离创建它的主线程独立开始自己的生命周期了。另外原来处于阻塞状态的线程被解除阻塞后也将进入就绪状态。

（3）运行：当就绪状态的线程被调度并获得处理器资源时，便进入运行状态。每个 Thread 类及其子类的对象都有一个重要的 run() 方法，当线程对象被调度执行时，它将自动调用本对象的 run() 方法，从第一句开始依次执行。run() 方法定义了这一类线程的操作和功能。

（4）阻塞：一个正在执行的线程如果在某些特殊情况下，如被人为挂起或需要执行费时的输入/输出操作时，将让出 CPU 并暂时中止自己的执行，进入阻塞状态。阻塞时它不能进入排队队列，只有当引起阻塞的原因被消除时，线程才可以转入就绪状态，重新进入线程队列中排队等待 CPU 资源，以便从原来终止处开始继续运行。

（5）死亡：处于死亡状态的线程不具有继续运行的能力。线程死亡的原因有两个：一个是正常运行的线程完成了它的全部工作，即执行完了 run() 方法的最后一个语句并退出；另一个是线程被提前强制性地终止，如通过执行 stop() 方法或 destroy() 终止线程。

2．线程调度与优先级

处于就绪状态的线程首先进入就绪队列排队等候处理器资源，同一时刻在就绪队列中的线程可能有多个，多线程系统会给每个线程自动分配一个线程的优先级，任务较紧急重要的线程，其优先级就较高；相反则较低。在线程排队时，优先级高的线程能优先使用处理器资源，优先级较低的线程则只能等到排在它前面的高优先级线程执行完毕之后才能获得处理器资源。优先级相同的线程遵循队列的"先进先出"的原则，即先进入就绪状态排队的线程被优先分配到处理器资源，随后才为后进入队列的线程服务。

当一个在就绪队列中排队的线程被分配到处理器资源而进入运行状态之后，这个线程就称为是被"调度"或被线程调度管理器选中了。线程调度管理器负责管理线程排队和处理器在线程间的分配，一般都配有一个精心设计的线程调度算法。在 Java 系统中，线程调度依据优先级基础上的"先到先服务"原则。

8.2.2　Runnable 接口与 Thread 类

Java 实现多线程有两种途径：一种是在用户自己的类中实现 Runnable 接口，另一种是创建用户自己的线程子类。无论哪种方法，都需要使用到 Java 类库中的 Thread 类及其方法。

1. Runnable 接口

Runnable 接口只有一个方法 run()，所有实现 Runnable 接口的用户类都必须具体实现这个 run()方法，为它书写方法体并定义具体操作。Runnable 接口中的这个 run()方法是一个较特殊的方法，它可以被运行系统自动识别和执行，具体地说，当线程被调度并转入运行状态时，它所执行的就是 run()方法中规定的操作。所以，一个实现了 Runnable 接口的类实际上定义了一个主线程之外的新线程的操作，而定义新线程的操作和执行流程，是实现多线程应用的最主要和最基本的工作之一。

2. Thread 类

Thread 类在包 java.lang 中定义，综合了 Java 程序中一个线程需要拥有的属性和方法。

（1）构造函数。Thread 类的构造函数有多个，最主要的构造函数形式如下：

```
public Thread(String ThreadName);
```

这个方法为所创建的线程对象指定了一个字符串名称供以后使用。

利用构造函数创建新线程对象之后，这个对象中的有关数据被初始化，从而进入线程的生命周期的第一个状态——新建状态。

（2）线程优先级。Thread 类有三个有关线程优先级的静态常量：MIN_PRIORITY，MAX_PRIORITY，NORM_PRIORITY。其中 MIN_PRIORITY 代表最小优先级，通常为 1；MAX_PRIORITY 代表最高优先级，通常为 10；NORM_PRIORITY 代表普通优先级，默认值为 5。

一个新建线程将继承创建它的父线程的优先级。一般情况下，主线程具有普通优先级。

用户可以通过调用 Thread 类的方法 setPriority()来修改系统自动设定的线程优先级，使之符合程序的特定需要。还可以通过方法 getPriority()来得到线程的优先级。

```
int getPriority();
void SetPriority(int newPriority);
```

（3）其他主要方法。

① 启动线程的 start()方法：

start()方法将启动线程对象，使之从新建状态转入就绪状态并进入就绪队列排队。

② 定义线程操作的 run()方法：

Thread 类的 run()方法与 Runnable 接口中的 run()方法的功能和作用相同，都用来定义线程对象被调度之后所执行的操作，都是系统自动调用而用户程序不得引用的方法。系统的 Thread 类中，run()方法没有具体内容，所以用户程序需要创建自己的 Thread 类的子类，并定义新的 run()方法来覆盖原来的 run()方法。

③ 使线程暂时休眠的 sleep()方法：

线程的调度执行是按照其优先级的高低顺序进行的，当高级线程未完成，即未死亡时，低级线程没有机会获得处理器。有时，优先级高的线程需要优先级低的线程做一些工作来配合它，或者优先级高的线程需要完成一些费时的操作，此时优先级高的线程应该让出处理器，使优先级低的线程有机会执行。为达到这个目的，优先级高的线程可以在它的 run()方法中调用 sleep()方法来使自己放弃处理器资源，休眠一段时间，休眠时间的长短由参数决定。可使用以下命令：

```
sleep(int millsecond);   //millsecond 是以毫秒为单位的休眠时间
```

④ 线程暂停的方法 suspend()和恢复的方法 resume()：

通过调用 suspend()方法使线程暂时由运行状态切换到阻塞状态,此线程要想再回到运行状态,必须由其他线程调用 resume()方法重新进入就绪队列排队。

⑤ 中止线程的 stop()方法:

程序中需要强制终止某线程的生命周期时可以使用 stop()方法。stop()方法可以由线程在自己的 run()方法中调用,也可以由其他线程在其执行过程中调用。

⑥ 判断线程是否未消亡的 isAlive()方法:

在调用 stop()方法终止一个线程之前,最好先用 isAlive()方法检查一下该线程是否仍然存活,杀死不存在的线程可能会造成系统错误。

⑦ yield()方法:

对正在执行的线程,若就绪队列中有与当前线程同优先级的排队线程,则当前线程让出 CPU 控制权,移到队尾;若队列中没有同优先级的线程,忽略此方法。

8.2.3 多线程的实现

如前所述,在程序中实现多线程有两种途径:实现 Runnable 接口或创建 Thread 类的子类。无论采用哪种途径,程序员可以控制的关键性操作有两个:

(1)定义用户线程的操作,即定义用户线程的 run()方法;

(2)在适当的情况建立用户线程实例。

下面就分别探讨两条不同途径是如何分别完成这两个关键性操作的。

1. 创建 Thread 类的子类

使用这种方法实现多线程时,用户程序需要创建自己的 Thread 类的子类,并在子类中重新定义自己的 run()方法,这个 run()方法中包含了用户线程的操作。这样在用户程序需要建立自己的线程时,它只需要创建一个已定义好的 Thread 子类的实例即可。下面的程序用创建 Thread 子类的方法实现多线程。

本程序包括两个类,SimpleThread 中定义了一个 Thread 类,TwoThreadsTest 中创建了两个线程,使这两个线程并行执行。通过本例,可以理解到多个线程之间的执行以及调度的随机性,有时可以利用这种随机性决定一些事情。程序代码如下:

```
class SimpleThread extends Thread {
  public SimpleThread(String str) {
    super(str);
  }
  public void run() {
    for (int i=0;i<5;i++) {
      System.out.println(i + " " + getName());
      try {
       sleep((int)(Math.random()*1000));
      } catch (InterruptedException e) {}
    }
    System.out.println("DONE! "+getName());
  }
}

public class TwoThreadsTest {
```

```
  public static void main (String[] args) {
    new SimpleThread("PostGraduate").start();
    new SimpleThread("Work").start();
  }
}
```

程序执行结果如下：

```
0 PostGraduate
0 Work
1 PostGraduate
1 Work
2 PostGraduate
2 Work
3 Work
4 Work
3 PostGraduate
DONE! Work
4 PostGraduate
DONE! PostGraduate
```

SimpleThread.java 通过继承 Thread 类定义了一个新的线程 SimpleThread，通过 SimpleThread 的具有一个 String 类型的构造函数，可以创建一个以 String 来命名的线程。在 run()方法中，定义了每个 SimpleThread 线程，即每个 SimpleThread 类的实例要执行的语句。本例中，run()方法的方法体是一个循环五次的循环体，每次循环中线程都会输出一串字符串来表明本线程的线程名，并且通过 sleep()方法休眠一段时间。五次循环完成后，线程输出最后的结束字符串。TwoThreadsTest.java 是一个 Application，用来检测刚才创建的线程类。在 main()方法中，通过 new 运算符创建了两个 SimpleThread 类的实例，即两个线程。然后分别调用这两个线程的 start()方法启动这两个线程，启动后它们并行执行。但是在具体某一个时间，到底执行的是哪一个线程，要由调度来决定。尽管调度策略是一定的，但在每次执行程序时，计算机的状态并不确定，所以每次执行时，调度的结果完全是随机的，两个线程的每次打印也是随机的，而且每次程序执行时，两个线程谁先结束也是随机的。需要注意的是，本例中通过 Application 的 main()方法启动两个线程，main()方法本身也要得到执行的一个线索，称之为主线程。所以本例中有三个线索即三个线程在并行执行。

创建用户自定义的 Thread 子类的途径虽然简便易用，但是要求必须有一个以 Thread 为父类的用户子类，假设用户子类需要有另一个父类，例如 Applet 父类，则根据 Java 单重继承的原则，上述途径就不可行了。这时可以考虑使用实现 Runnable 接口的方法。

2. 实现 Runnable 接口

已经拥有一个父类的用户类可以通过实现 Runnable 接口的方法来定义用户线程的操作。Runnable 接口只有一个方法 run()，实现这个接口，就必须要定义 run()方法的具体内容，用户新建线程的操作也由这个方法来决定。定义好 run()方法之后，当用户程序需要建立新线程时，只要以这个实现了 run()方法的类为参数创建系统类 Thread 的对象，就可以把用户实现的 run()方法继承过来。下面的程序用实现 Runnable 接口的方法实现多线程。程序结果如图 8-2 所示。

```
import java.awt.*;
import java.applet.*;
import java.util.*;
public class Clock extends Applet implements Runnable{
```

```
Thread clockThread;
public void start(){
  if(clockThread==null){
    clockThread=new Thread(this,"Clock");
    clockThread.start();
  }
}
public void run(){
  while(clockThread!=null){
    repaint();
    try{
      clockThread.sleep(1000);
    }catch(InterruptedException e){}
  }
}
public void paint(Graphics g){
  Date now=new Date();
  g.drawString(now.getHours()+": "+now.getMinutes()+": "+now.getSeconds(),
  5,10);
}
public void stop(){
  clockThread.stop();
  clockThread=null;
}
}


<html>
<applet code=Clock.class width=300 height=120>
</applet>
</html>
```

图 8-2 Runnable 接口实现多线程

　　这是一个时钟 Applet，它显示当前时间并逐秒进行更新。该 Applet 利用 Runnable 接口为其线程提供 run()方法。类 Clock 由类 Applet 继承而来，但同时它需要一个线程来实现时间的更新显示。由于 Java 中不支持多重继承，所以它不能再继承类 Thread，而是利用了 Runnable 接口。首先，在 start()方法中构造了一个名为 clockThread 的线程并调用 Thread.start()方法来启动这一线程，即在 Java 运行时建立系统的线程关系。下面语句建立了一个新线程：

```
clockThread=new Thread(this,"Clock");
```
　　其中 this 是 Thread 构造方法中的第一个自变量，作为该线程的目标对象，它必须实现 Runnable

接口。在这种构造方法下，线程 clockThread 就以它的可运行目标对象中的 run()方法为其 run()方法，在本例中这个目标对象就是 Clock 这个 Applet。构造方法中的第二个变量为线程名。

线程被启动以后，调用目标对象的 run()方法，除非线程被停止。在 run()方法的循环中，Applet 重绘本身，然后睡眠 1s，同时要捕获异常事件并进行处理。如果离开显示时钟的这一页，应用程序将调用 stop()方法，将线程置空又会创建一个新的线程。

在具体应用中，采用哪种方法来构造线程要视情况而定。通常，当一个线程已经继承了另一个类时，就应该用第二种方法来构造，即实现 Runnable 接口。

8.2.4 线程的同步与死锁

多线程程序要考虑同时存在线程的协调和配合，并在 run()方法中采取措施来具体实现这种协调和配合。很多情况下，一个线程必须与其他线程合作才能共同完成任务，另外一些场合中，若线程之间配合不好会造成系统的严重错误；线程同步是前者的典型例子，而线程死锁则是产生后者的常见原因。

1. 线程同步

线程对内存的共享，是线程区别于进程的一个重要特点，线程间也常常会利用这个特点来传递信息。然而某些情况下，假如处理不当，这种对相同内存空间的共享可能会造成程序运行的不确定性或其他错误。

例如，设某存款账户 X 附有两张信用卡 I 和 J，分别交给不同的人（例如不同的家庭成员）A 和 B 使用，假设 X 户头上还结余 1 000 元。通过信用卡从该卡所对应的存款账户中取款的方法有如下的操作步骤：

第一步 查看户头结余。

第二步 （1）若结余大于取款额：①则取款；②并修改户头余额。

　　　　（2）否则，取款失败并给出相关信息。

假设某时刻 A 持卡 I 欲取款 500 元，启动了一个线程 AA 来完成上述的取款操作，并执行到了第二步（1）中①的取款步骤；恰在此时，B 持卡 J 欲取款 800 元，启动了另一个线程 BB 调用取款方法欲完成相同的操作，且执行到了第一步来检查户头的结余；由于 A 启动的线程 AA 尚未来得及修改同一个户头的余款，B 启动的线程 BB 将看到户头中尚有 1000 元的结余，于是流程进入第二步（1）中①的取款……线程间配合不好的错误就此产生。

可以看出，上述错误产生的原因是由于线程在执行某特定操作的若干步骤中间，不能够独占相关的资源，被其他操作打断或干扰造成的。要预防类似情况的发生，必须保证线程在一个完整操作的所有步骤的执行过程中，都独占相关资源而不被打断，这就是线程的同步。

线程同步的基本思想是避免多个线程对同一资源的访问，这个资源既可以是一个对象，也可以是一个方法或一段代码。对于表明了被同步的资源，Java 中引入了一个类似于进程信号量的机制：管程（Monitor）。每个被同步资源都对应一个管程，首先占用这个资源的线程同时拥有了该资源的管程，在它完成操作释放管程之前，其他欲访问同一资源的线程只能排队等候管程，从而实现了线程对资源的独占。上面的取款例子中，只要把信用卡的取款方法定义为同步资源，则当 A 持卡取款时，在其操作线程 AA 未完成之前，BB 线程调用取款方法的请求将被暂时挂起，直至 AA 的取款操作执行完毕，户头余额也修改完毕，才轮到 BB 线程调用取款方法，此时它将被告知，户头余额不足 800 元，而不会产生最初的错误。

Java 使用 synchronized 关键字来标志被同步的资源。凡是被 synchronized 关键字修饰的方法或代码段，系统在运行时都会分配给它一个管程，并保证同一个时刻，只有一个线程在使用这份资源。上面的取款方法就可以通过 synchronized 关键字标志为同步资源。

除了保证数据的一致性，线程同步还能帮助必须共同工作的线程互相协调好工作步调。著名的生产者-消费者的问题就是一个典型的例子：假设只有一个公共单元空间，生产者和消费者都使用它，生产者定期将产出的产品放在这个公共空间中，消费者则定期从中取走新产出的产品。设生产过程由生产线程控制，消费过程由消费线程控制，则这两个线程之间需要严格、良好的同步，即应遵循"生产–消费–生产–消费……"的执行顺序，若同步不好，如执行顺序变为"生产–生产–消费"，则第一次生产出的产品在消费者来不及取走时就被紧接着的第二次生产出的产品挤出了公共空间；若执行顺序变为"生产–消费–消费"，则在生产线程没来得及生产出新产品时，消费线程就试图再次取产品，此时公共空间是空的，消费过程受阻。Java 中为处理好上述的线程间同步问题，专门设计了 wait()和 notify()两个方法，其格式如下：

```
public final void wait();
public final void notify();
```

wait()和 notify()都是不能被重载的方法，并且只能在同步方法中被调用。执行 wait()方法将使当前正在执行的线程暂时挂起，从执行状态退到阻塞状态，同时使该线程放弃它所占用的资源管程。放弃管程是 wait()方法的一大特点，同样是使线程阻塞的 sleep()方法，虽然放弃了处理器的使用权，却不会交出资源管程的控制权。当有多个线程等待访问某同步资源时，它们会在该资源的管程队列中排队等候。wait()方法将暂时让出管程以便其他线程有机会占用资源，而被 wait()方法挂起的线程将在管程队列中排队等候 notify()方法唤醒它。在生产者-消费者的例子中，公共空间是被同步的资源，当一个消费者线程启动时，它自动占用公共空间管程，若消费者发现公共空间为空，则它需要首先放弃公共空间管程，以便生产者占用并向里面放入消费者所需的新产品，这个必需的操作就由 wait()来完成。

notify()方法的作用是从管程队列中选择优先级最高的一个被挂起的线程，唤醒它，使它占用该管程及相关的资源。例如上面例子中，当生产者线程向公共单元中放入一个新产品的时候，它用 notify()方法唤醒早先被 wait()方法挂起的消费者线程，通知它可以取产品了，并结束当前生产者线程。被唤醒的消费者线程则从 wait()的下一句开始继续执行原线程。

下面是生产者-消费者问题的例子。

```
class CubbyHole {
  private int seq;                        //数据
  private boolean available=false;        // 条件变量
  public synchronized int get(){
    while( available==false ){
      try{
        wait( );
      }catch( InterruptedException e ){
      }
    }
    available=false;
    notify();
    return seq;
```

```
    }
    public synchronized void put(int value){
      while( available==true ){
        try{
          wait();
        }catch( InterruptedException e ){
        }
      }
      seq=value;
      available=true;
      notify();
    }
}

class Producer extends Thread {
  private CubbyHole cubbyhole;
  private int number;
  public Producer(CubbyHole c, int number) {
    cubbyhole=c;
    this.number = number;
  }
  public void run() {
    for (int i=0;i<5;i++) {      //共产生 5 个
      cubbyhole.put(i);
      System.out.println("Producer #" + this.number + " put: " + i);
      try {
        sleep((int)(Math.random()*100));
      } catch (InterruptedException e) {
      }
    }
  }
}

class Consumer extends Thread {
  private CubbyHole cubbyhole;
  private int number;
  public Consumer(CubbyHole c, int number) {
    cubbyhole=c;
    this.number=number;
  }
  public void run() {
    int value=0;
    for (int i=0;i<5;i++) {      //不间断地连续消费 5 个
      value=cubbyhole.get();
      System.out.println("Consumer #" + this.number + " got: " + value);
    }
  }
}

class ProducerConsumerTest {
```

```
public static void main(String[] args) {
    CubbyHole c=new CubbyHole();        // 共享数据对象
    Producer p1=new Producer(c, 1);
    Consumer c1=new Consumer(c, 1);
    p1.start();
    c1.start();
  }
}
```

程序执行结果如下：

```
Producer #1 put: 0
Consumer #1 got: 0
Producer #1 put: 1
Consumer #1 got: 1
Producer #1 put: 2
Consumer #1 got: 2
Producer #1 put: 3
Consumer #1 got: 3
Producer #1 put: 4
Consumer #1 got: 4
```

本例中，有两个继承自 Thread 类的线程子类：生产者 Producer 的作用是产生数据（存数据），消费者 Consumer 的作用是消费数据（取数据）。另外，CubbyHole 类中定义了共享资源，即共享数据单元，以及操作这个数据区的两个同步方法 put(int value)方法和 int get()方法，分别用于数据的存、取。最后创建了一个主类用于测试生产者和消费者线程，主类中创建共享数据对象，并启动两线程。程序执行结果是，生产者线程和消费者线程严格地轮流执行，获得了线程间的协调执行。

2. 线程死锁

从前面的内容可以看出，对于共享资源的互斥性操作，可以使程序得到正确的运行。但是同时对于共享资源的互斥性操作，却又引发了一个不利现象，同步不当可能会引发线程的死锁。线程死锁通常是这样造成的：若干线程各自分别占用某资源管程，又同时需要对方的资源，即不同的线程分别占用对方需要的同步资源不放弃，都在等待对方放弃自己需要的同步资源，结果造成相互无限制地等待对方放弃资源，谁也不能执行下去。在生产者-消费者的例子中，若消费者在得不到新产品时不放弃公共空间，则生产者线程无法放入新产品。两个线程均无法进行，只能互相无限制地等待下去，形成死锁。

还有一个经典的有关死锁的例子，就是哲学家问题（Thinking or Eating）。一个圆桌前围坐着 5 个哲学家，每个哲学家面前摆放着它的晚餐，每两个哲学家之间有一个叉子，即对于每一个哲学家，他左面有且仅有一个叉子，他右面也有且仅有一个叉子。因为他们是哲学家，所以他们每个人要么思考问题，要么先拿起左面的叉子，再拿起右面的叉子来开始吃饭。这时共有 5 个线程，每个线程所做的方法分别是：拿起左面的叉子、拿起右面的叉子、吃饭。由于每个叉子都是两个人共享的，这就涉及一个共享资源的问题。大部分情况下，不会这 5 个哲学家都想吃饭，可能只有一两个哲学家想吃，这时候没有问题。但是如果 5 个哲学家都想吃饭，这时他们同时都想拿起左面的叉子，然后再去取右面的叉子时，会发现右面的叉子已经被别人取走了，这时就等待右面的叉子，这样会一直永远地等待下去，就形成了死锁。

死锁是希望避免的问题，现在已经提出了许多专门的算法、原则来解决死锁问题，但是这些专门的算法、原则都不能完全保证没有死锁现象出现。所以在编程时，要尽量消除应用程序能够引起死锁的原因。引起死锁的原因就是对同步资源进行互斥操作。所以为避免死锁，在设计使用多线程时应尽量小心谨慎，只在确实需要的时候才使用多线程和线程同步，并且应使同步资源尽量少。

8.3 OpenMP 并行软件设计

OpenMP 是一种针对共享内存的多线程编程技术，由一些具有国际影响力的大规模软件和硬件厂商共同定义标准。它是一种编译指导语句指导多线程、共享内存并行的应用程序编程接口（API）。

8.3.1 OpenMP 编程基础

OpenMP 是一种面向共享内存以及分布式共享内存的多处理器多线程并行编程技术。OpenMP 具有良好的可移植性，支持 Fortran 和 C/C++等多种编程语言，支持大多数的类 UNIX 系统和 Windows 系统的多种平台。

而分布式内存是每一个处理器或者一组处理器会有一个自己私有的内存单元。此时，程序员需要关心数据的实际存放问题，因为数据存放位置会直接影响相应处理器的处理速度。通过网络连接的计算机系统组成的集群就是典型的分布式内存多处理器系统。这种系统一般使用特定的消息传递库，例如 MPI 来进行编程。

1. OpenMP 多线程编程模型

OpenMP 编程模型以线程为基础，通过编译指导语句来显示指导并行化，为编程人员提供了对并行化的完整控制。

OpenMP 的执行模型采用 Fork-Join 的形式。开始执行时，只有一个主线程在运行。主线程在运行过程中，遇到并行编译指导语句需要进行并行计算时，根据环境变量或运行时库函数派生出（Fork，创建新线程或唤醒已有线程）多个线程来执行并行任务。在并行执行时，主线程和派生线程共同工作。在并行代码结束执行后，派生线程退出或者挂起，不再工作，控制流程回到单独的主线程中（Join，即多线程的汇合），如图 8-3 所示。

图 8-3 OpenMP 应用程序运行时的 Fork-Join 模型

2. OpenMP 程序结构

OpenMP 的功能由编译指导语句与运行时库函数两种形式提供，并通过环境变量的方式灵活控制程序的运行，例如通过 OMP_NUM_THREADS 值控制运行的线程的数目。

1）编译指导语句

在 C/C++程序中，OpenMP 的所有编译指导语句以#pragma omp 开始，后面跟具体的功能指令。具体形式如下：

```
#pragma omp <指令> [子句[ [, ] 子句]…]
```

其中指令部分包含了 parallel，for 等具体的编译指导语句。后面的可选子句给出了相应的编译指导语句的参数，子句可以影响到编译指导语句的具体行为。

编译指导语句的含义是在编译器编译程序的时候，会识别特定的注释，而这些特定的注释就包含着 OpenMP 程序的一些语义。在一个无法识别 OpenMP 语义的普通编译器中，这些特定的注释会被当做普通的注释而被忽略。因此，只用编译指导语句编写的 OpenMP 程序，能够同时被普通编译器和支持 OpenMP 的编译器处理。用户可以用同一份代码来编写串行或者并行程序，或者在把串行程序改编成并行程序时，保持串行源代码部分不变，极大地方便了程序编写人员。编译指导语句的优势体现在编译阶段，对运行阶段支持较少。

2）运行时库函数

OpenMP 运行时库函数可以设置和获取执行环境相关的信息以及实现同步，在源文件中包含 OpenMP 头文件 omp.h 后才能使用。如果程序中仅仅使用了编译指导语句，可以忽略头文件 omp.h。例如 omp_get_thread_num()就是一个在运行时库函数，用来返回当前线程的标识号。在没有库支持的编译器上无法正确识别包含运行时库函数的 OpenMP 程序，打破了源代码在串行和并行之间的一致性，这是库函数与编译指导语句的区别。

运行时库函数支持运行时对并行环境的改变和优化，给编程人员足够的灵活性来控制运行时的程序运行状况。

3）环境变量

环境变量是动态函数库中用来控制函数运行的一些参数，例如需要同时派生出多少个线程或者是采用何种多线程调度的模式等。

3. 使用 Microsoft Visual Studio.Net 编写 OpenMP 程序

Microsoft Visual Studio .Net 2008 Professional 已经支持 OpenMP 的编程，完全支持 OpenMP 2.0 标准，完全安装后即可编写 OpenMP 程序，通过新的编译器选项 /openmp 来支持 OpenMP 程序的编译和连接，无须另外安装其他软件。建立与配置 OpenMP 程序分别如图 8-4 和图 8-5 所示。

在 Microsoft Visual Studio.Net 2008 环境下编写 OpenMP 程序的必要步骤包括：新建 Win32 Console Application 项目，保持默认的选项不变；生成项目后，通过配置项目属性，在 C/C++的语言特性上打开 OpenMP 的支持/openmp；编写代码，加入#include "omp.h"；编写源程序；配置环境变量 OMP_NUM_THREADS，确定线程数目；执行程序（Release 版本）。

```
#include "stdafx.h"
#include "omp.h"
int _tmain(int argc, _TCHAR* argv[]){
  printf("Hello from serial.\n");
  printf("Thread number = %d\n", omp_get_thread_num());  //串行执行
  #pragma omp parallel //开始并行执行
  {
    printf("Hello from parallel. Thread number = %d\n", omp_get_thread_num());
  }
```

```
printf("Hello from serial again.\n");
return 0;
}
```

图 8-4　使用 Win32 Console Application 模板建立 OpenMP 应用程序

图 8-5　在 Visual Studio.Net 中配置项目属性以支持 OpenMP 应用程序

　　OpenMP 程序可以通过环境变量 OMP_NUM_THREADS 设置程序所使用的线程的数目，设置环境变量方法如图 8-6 所示。默认的情况下根据系统中逻辑 CPU 的数目来配置，例如在双核的系统中 OMP_NUM_THREADS 的变量值应设为 2。

　　本例中将环境变量 OMP_NUM_THREADS 设置为 4。程序先从串行程序开始执行，然后开始分成 4 个线程开始并行执行。#pragma omp parallel 标志着一个并行区域的开始，在支持 OpenMP 的编译器中，根据线程的数目，随后的程序块会被编译到不同的线程中执行。omp_get_thread_num() 是一个 OpenMP 的库函数，用来获得当前线程号码。在 OpenMP 程序中，每一个线程会被分配给一个唯一的线程号码，用来标识不同的线程。在 4 个线程执行完毕之后，程序会重新退回到串行部分，打印最后一个语句，最后程序退出。由于是多线程并行执行的，因此，多次执行可能产生不同的结果，下面就是两次执行的结果。

　　第一次运行结果如下：

```
Hello from serial.
Thread number = 0
Hello from parallel. Thread number = 1
```

```
Hello from parallel. Thread number = 3
Hello from parallel. Thread number = 2
Hello from parallel. Thread number = 0
Hello from serial again.
```

图 8-6　在 Windows 下配置 OpenMP 运行环境变量 OMP_NUM_THREADS

第二次运行结果如下：

```
Hello from serial.
Thread number = 0
Hello from parallel. Thread number = 0
Hello from parallel. Thread number = 2
Hello from parallel. Thread number = 1
Hello from parallel. Thread number = 3
Hello from serial again.
```

8.3.2　编译指导语句

OpenMP 编译指导包括并行域结构、共享任务结构、组合的并行共享任务和同步结构四类。OpenMP 编译指导语句中的指令和子句如表 8-1 和表 8-2 所示。

表 8-1　OpenMP 编译指导语句的指令

parallel	用在一个代码段之前，表示这段代码将被多个线程并行执行
for	用于 for 循环之前，将循环分配到多个线程中并行执行，必须保证每次循环之间无相关性
parallel for	parallel 和 for 语句的结合，也是用在一个 for 循环之前，表示 for 循环的代码将被多个线程并行执行
sections	用在可能会被并行执行的代码段之前
parallel sections	parallel 和 sections 两个语句的结合
barrier	用于并行区内代码的线程同步，所有线程执行到 barrier 时要停止，直到所有线程都执行到 barrier 时才继续往下执行

Critical	用在一段代码临界区之前
atomic	用于指定一块内存区域被制动更新
single	用在一段只被单个线程执行的代码段之前，表示后面的代码段将被单线程执行
master	用于指定一段代码块由主线程执行
threadprivate	用于指定一个变量是线程私有的
ordered	用于指定并行区域的循环按顺序执行
flush	更新共享变量，确保对共享变量的读操作是最新值

表 8-2　OpenMP 编译指导语句的子句

子　句	作　　用
num_threads	指定线程的个数
private	指定每个线程都有它自己的变量私有副本
firstprivate	指定每个线程都有它自己的变量私有副本，并且变量要被继承主线程中的初值
lastprivate	主要是用来指定将线程中私有变量的值在并行处理结束后复制回主线程中的对应变量
shared	指定一个或多个变量为多个线程间的共享变量
default	用来指定并行处理区域内的变量的使用方式，默认是 shared
reduce	用来指定一个或多个变量是私有的，并且指定在并行处理结束后这些变量要执行指定的运算
ordered	用来指定 for 循环的执行要按顺序执行
schedule	指定如何调度 for 循环迭代
copyprivate	用于 single 指令中的指定变量为多个线程的共享变量
copyin	用来指定一个 threadprivate 变量的值要用主线程的值进行初始化
nowait	忽略指定中暗含的等待

1．并行域结构——parallel 指令

为一段代码创建多个线程。构造一个并行块，块中的每行代码都被多个线程重复执行。可以与 for、sections 等其他指令配合使用。parallel 的使用方法如下：

```
#pragma omp parallel [for | sections] [子句[子句]…]
{
    //并行执行的代码
}
```

当程序遇到 parallel 编译指导语句的时候，就会生成相应数目的线程组成一个线程组，并将代码重复地在各个线程内部执行。parallel 的末尾有一个隐含的同步屏障（barrier），所有线程完成所需的重复任务后，在这个同步屏障处汇合（join）。此时，此线程组的主线程（master）继续执行，而相应的子线程（slave）则停止执行。

2．共享任务结构和组合的并行共享任务

共享任务构造的基本特点包括将它作用的代码段拆分到进入此区域的线程组的成员执行；不产生新的线程；进入共享工作区域不会有等待（barrier），退出共享工作构造的时候会有等待。可分为并行 for 循环、并行 sections、串行执行（single 指令）三种情况。限于篇幅，这里主要讲述 parallel for 的使用方法。

1）for 指令

for 指令是用来将一个 for 循环分配到一个线程组中的多个线程中执行，线程组中的每一个线程将完成循环中的一部分内容。在一个线程组内，共享一个循环的迭代，代表"数据并行"的类型。for 指令一般可以和 parallel 指令合起来形成 parallel for 指令使用，也可以单独用在 parallel 语句的并行块中。

```
#pragma omp [parallel] for [子句]
    for 循环语句
```

并行化的语句必须是 for 循环语句，它要紧跟在编译指导语句后面，编译指导语句的功能区域一直延伸到 for 循环语句的结束。

for 循环语句要求能够推测出循环的次数。另外，循环语句块应该是单出口与单入口（对于其他的并行化编译指导语句也具有类似的限制）。不能够从循环外跳入到循环中，循环过程中不允许跳出循环。因此，在循环过程中不能使用 break 语句；不能使用 goto 和 return 语句从循环中跳出；不能从循环内部抛出异常而退出循环。但可以使用 exit 函数来退出整个程序，退出时的状态不确定。下面是单独使用 for 的例子。

```
#include "stdafx.h"
#include "omp.h"
int _tmain(int argc, _TCHAR* argv[]){
  #pragma omp for
  for (int j=0;j<4;j++){
    printf("j = %d, ThreadId = %d\n", j, omp_get_thread_num());
  }
  return 0;
}
```

假设环境变量 OMP_NUM_THREADS 设置为 4，执行结果如下：

```
j = 0, ThreadId = 0
j = 1, ThreadId = 0
j = 2, ThreadId = 0
j = 3, ThreadId = 0
```

可以看出四次循环都在一个线程里执行，所以 for 指令要和 parallel 指令结合起来使用。

2）parallel 和 for 联合使用

```
#include "stdafx.h"
#include "omp.h"
int _tmain(int argc, _TCHAR* argv[]){
  #pragma omp parallel for
  for (int j=0;j<4;j++){
    printf("j = %d, ThreadId = %d\n", j, omp_get_thread_num());
  }
  return 0;
}
```

假设环境变量 OMP_NUM_THREADS 设置为 4，执行结果如下。可能看出，循环被分配到四个不同的线程中执行。

```
j = 0, ThreadId = 0
j = 2, ThreadId = 2
j = 1, ThreadId = 1
j = 3, ThreadId = 3
```

3）并行区域与循环并行化的区别

把上面的程序改写，去掉 for 指令。

```
#include "stdafx.h"
#include "omp.h"
int _tmain(int argc, _TCHAR* argv[]){
  #pragma omp parallel
  for (int j=0;j<4;j++){
    printf("j = %d, ThreadId = %d\n", j, omp_get_thread_num());
}
  return 0;
}
```

程序的执行结果：

```
j = 0, ThreadId = 0
j = 0, ThreadId = 3
j = 0, ThreadId = 2
j = 0, ThreadId = 1
j = 1, ThreadId = 0
j = 1, ThreadId = 3
j = 1, ThreadId = 2
j = 1, ThreadId = 1
j = 2, ThreadId = 0
j = 2, ThreadId = 3
j = 2, ThreadId = 1
j = 3, ThreadId = 0
j = 3, ThreadId = 3
j = 3, ThreadId = 2
j = 3, ThreadId = 1
```

从执行结果中可以明显地看到并行区域与循环并行化的区别。并行区域采用了复制执行的方式，将代码在所有的线程内部都执行一次；而循环并行化则采用了工作分配的执行方式，将循环所需要的所有工作量按照一定的方式分配到各个执行线程中，所有线程执行工作的总和是原先串行执行所完成的工作量。

3. 同步结构

在 OpenMP 应用程序中，由于是多线程执行，必须要有必要的线程同步机制以保证程序在出现数据竞争时能够得出正确的结果，并且在适当的时刻控制线程的执行顺序，以保证执行结果的确定性。

OpenMP 支持两种不同类型的线程同步机制，一种是互斥锁的机制，可以用来保护一块共享的存储空间，使得每一次访问这块共享内存空间的线程最多为一个，保证了数据的完整性；另一种是事件通知机制，这种机制保证了多个线程之间的执行顺序。

互斥的操作针对需要保护的数据而言，在产生了数据竞争的内存区域加入互斥，包括 critical，atomic 等语句以及由函数库中的互斥函数构成的标准例程。而事件机制则在控制规定线程执行顺序时所需要的同步屏障（barrier），定序区段（ordered sections），主线程执行（master）等。OpenMP 也对用户自主构成的同步操作提供了一定的支持。

1）数据竞争

下面的例子用来寻找一个正整数数组中最大的元素，会出现数据竞争。

串行算法如下所示，假设数组为 ar，数组元素的数目为 n。

```
int i;
int max_num=-1;
for(i=0;i<n;i++)
  if(ar[i]>max_num)
    max_num=ar[i];
```

可以直接在 for 循环前面加入循环并行化的编译指导语句使整个程序代码段并行执行。

```
int i;
int max_num=-1;
#pragma omp parallel for
for(i=0;i<n;i++)
  if(ar[i]>max_num)
    max_num=ar[i];
```

但是由于是多线程执行，这样的并行执行代码是不正确的，有可能产生错误的结果。下面是一个可能的执行结果。

假设数组有两个元素，分别为 2 和 3，系统中有两个线程在执行，每个线程只需对一个元素进行判断即可。线程 1 在执行的过程中，发现 0 号元素，比 max_num 要大，需要将 2 赋值给 max_num。恰在此时，线程 1 经过了整数判断的阶段，但还没有赋值时，系统将线程 1 挂起。线程 2 继续执行，发现 1 号元素也比 max_num 大，执行的结果就是 max_num=3。线程 2 执行完自己的任务后，会同步在一个隐含的屏障上（barrier）。线程 1 被唤醒，由于它已经过了整数判断的阶段，因此它直接将 0 号元素赋值给 max_num，使得 max_num=2。执行的结果与串行结果完全不同。

产生结果出现错误的主要原因就是有超过两个线程同时访问一个内存区域，并且至少有一个线程的操作是写操作，这样就产生了数据竞争。如果不对数据竞争进行处理的话，就会产生执行结果出错。

2）互斥锁机制

在 OpenMP 中，提供了临界区（critical），原子操作（atomic）以及由库函数三种不同的互斥锁机制对一块内存进行保护。限于篇幅，这里主要讲述临界区机制。

临界区指定某一区域的代码每次只能同时被一个线程执行。临界区编译指导语句的格式如下：

```
#pragma omp critical [(name)]
  block
```

name 是临界区的名称，用不同命名的临界区保护不同的内存区域，在访问不同内存区域时使用不同命名的临界区。

修改上述寻找正整数数组最大的元素的代码如下：

```
#include "stdafx.h"
#include <iostream>
#include "omp.h"
int _tmain(int argc,_TCHAR* argv[]){
  int max=0;
  int a[10]={11,2,33,49,113,20,321,250,689,16};
  #pragma omp parallel for
  for (int i=0;i<10;i++){
    int temp=a[i];
    #pragma omp critical
```

```
    {
        if (temp>max)max=temp;
    }
}
std::cout<<"max: "<<max<<std::endl;
return 0;
}
```

程序执行结果如下：

```
max: 689
```

如果去掉#pragma omp critical，某次运行程序执行结果如下：

```
max: 321
```

上例中，for 循环还是被自动分成 N 份来并行执行，用#pragma omp critical 将 if (temp > max) max = temp 括了起来。这样，各个线程还是并行执行 for 里面的语句，但当执行到 critical 里面时，要注意有没有其他线程正在里面执行，如果有的话，要等其他线程执行完再进去执行。这样就避免了数据竞争问题。但它会使执行速度变低，因为可能存在线程等待的情况。

3）事件同步机制

锁机制是为了维护一块代码或者一块内存的一致性，使得所有在其上的操作串行化；而事件同步机制则用来控制代码的执行顺序，使得某一部分代码必须在其他的代码执行完毕之后才能执行。主要包括隐含的同步屏障、明确的同步屏障语句、ordered 指令和 ordered 子句。

4．数据处理子句

限于篇幅，这里主要讲述 private 子句和 reduction 子句。

1）private 子句

private 子句将变量声明成线程私有的变量，每个线程都有自己的变量私有副本，其他线程无法访问私有副本。并行区域外同名的共享变量在并行区域内也不起任何作用，并行区域内的操作也不会影响到外面的共享变量。参考下面的程序：

```
#include "stdafx.h"
#include <omp.h>
#include <stdlib.h>
int main(int argc,char* argv[]){
  omp_set_num_threads(2);
  int k=0;
  printf("first k=%d\n",k);
  #pragma omp parallel private(k)
  {
    int id=omp_get_thread_num();
    k=0;
    if (id==0)
      for (int i=0; i<10;i++){
        k+=1;
        printf("Thread id=%d says that the k is %d\n",id,k);
      }
    else
    for (int i=0;i<10;i++){
      k+=2;
      printf("Thread id=%d says that the k is %d\n",id,k);
```

```
  }
 }
 printf("last k=%d\n",k);
 system("pause");
 return 0;
}
```

程序执行结果如下：

```
first k=0
Thread id=0 says that the k is 1
Thread id=1 says that the k is 2
Thread id=0 says that the k is 2
Thread id=1 says that the k is 4
Thread id=0 says that the k is 3
Thread id=1 says that the k is 6
Thread id=0 says that the k is 4
Thread id=1 says that the k is 8
Thread id=0 says that the k is 5
Thread id=1 says that the k is 10
last k=0
```

在该程序中，启动两个线程，分别是 0 线程和 1 线程，变量 k 在并行区外面声明，但是此时由于 private 编译指导语句的作用，会将变量 k 声明为线程私有的变量，并且每个线程都有它自己的变量私有副本，每个线程对变量 k 的操作不会影响到外面的共享变量。由于 private 子句声明的私有变量的初值在并行区域的入口处是未定义的，它并不会继承同名变量的私有值，故必须对变量 k 赋初值。

可以在运行结果中看到，共享变量 k 刚开始的值为 0，最终的结果也为 0 不变，线程 0 对 k 操作后的结果是 5，线程 1 对 k 操作后的结果是 10。

如果去掉 private，会产生数据竞争的问题，导致最后 k 的值错误，并且不可预测。

```
#include "stdafx.h"
#include <omp.h>
#include <stdlib.h>
int main(int argc, char* argv[]){
 omp_set_num_threads(2);
 int k=0;
 printf("first k=%d\n",k);
 #pragma omp parallel
 {
  int id=omp_get_thread_num();
  k=0;
  if (id==0)
   for (int i=0;i<5;i++){
    k+=1;
    printf("Thread id=%d says that the k is %d\n",id,k);
   }
  else
   for (int i=0;i<5;i++){
    k+=2;
    printf("Thread id=%d says that the k is %d\n",id,k);
   }
```

```
    }
    printf("last k=%d\n",k);
    system("pause");
    return 0;
}
```

在该程序中，并行启动两个线程，分别是线程 0 和线程 1，线程 0 对 k+=1 循环 5 次，而线程 1 同时对 k+=2 循环 5 次。由于 k 是在并行区外声明，在进入并行区后成为共享变量，这时两个线程分别对 k 进行操作，产生数据竞争，最后 k 的值错误，并且不可预测。

大多数程序执行结果如下：

```
first k=0
Thread id=0 says that the k is 1
Thread id=1 says that the k is 2
Thread id=0 says that the k is 3
Thread id=1 says that the k is 5
Thread id=0 says that the k is 6
Thread id=1 says that the k is 8
Thread id=0 says that the k is 9
Thread id=0 says that the k is 10
Thread id=1 says that the k is 12
Thread id=1 says that the k is 14
last k=14
```

某几次程序执行结果如下：

```
first k=0
Thread id=1 says that the k is 2
Thread id=0 says that the k is 1
Thread id=1 says that the k is 3
Thread id=1 says that the k is 6
Thread id=0 says that the k is 4
Thread id=1 says that the k is 8
Thread id=0 says that the k is 9
Thread id=0 says that the k is 10
Thread id=0 says that the k is 11
Thread id=1 says that the k is 13
last k=13
```

2）reduction 子句

reduction 子句为变量指定一个操作符，每个线程都会创建 reduction 变量的私有备份，在 OpenMP 区域结束处，将使用各个线程的私有备份的值通过指定的操作符进行迭代运算，并赋值给原来的变量。格式如下：

```
reduction(operator:list)
```

表 8-3 列出了可以用于 reduction 子句的一些操作符以及对应私有备份变量的初始值，私有备份变量的实际初始值依赖于 redtucion 变量的数据类型。

表 8-3　reduction 操作中各种操作符号对应拷贝变量的初始值

操　作　符	数据类型	初始值
+	整数、浮点	0
*	整数、浮点	1

操　作　符	数据类型	初始值
－	整数、浮点	0
&	整数	~0
|	整数	0
^	整数	0
&&	整数	1
||	整数	0

8.3.3　运行时库函数

OpenMP 标准定义了一系列的 API——运行时库函数，实现的功能包括查询线程/处理器数量、设置要使用的线程数；实现锁的函数（信号量）；可移植的计时函数；执行环境的设置（如是否为动态线程，是否为嵌套并行等）。包含的头文件是：omp.h。

1．主要的基本函数

（1）omp_set_num_threads。

设置一个并行区域使用的线程数。此函数只能在串行代码部分调用。

（2）omp_get_num_threads。

获取当前并行区域内同一个线程组内的线程数。在串行代码中调用，返回值为 1。

（3）omp_get_thread_num。

获取线程在线程组内的 ID——线程号，返回值在 0 到 omp_get_num_threads()-1 之间。OpenMP中的线程 ID 是从 0 开始计数的，主线程（master thread）的 ID 为 0。

（4）omp_get_num_procs。

获取程序可用的最大处理器数目，返回运行本线程的多处理机的处理器个数。

（5）omp_get_wtime。

获取 wall clock time，返回一个 double 型的数，表示从过去的某一时刻经历的时间，一般用于成对出现，进行时间比较。此函数得到的时间是相对于线程的，也就是每一个线程都有自己的时间。需要 OpenMP 2.0 以上支持。

2．运行时库函数的互斥锁支持

除了 critical 与 atomic 编译指导语句，OpenMP 还通过一系列的库函数支持互斥锁操作。表 8-4列出了由 OpenMP 库函数提供的互斥锁函数。

表 8-4　OpenMP 库函数提供的互斥锁函数

函数名称	描　　　　　述
void omp_init_lock（omp_lock_t *）	初始化一个互斥锁
void omp_destroy_lock（omp_lock_t*）	结束一个互斥锁的使用并释放内存
void omp_set_lock（omp_lock_t *）	获得一个互斥锁
void omp_unset_lock（omp_lock_t *）	释放一个互斥锁
int omp_test_lock（omp_lock_t *）	试图获得一个互斥锁，并在成功时返回真（true），失败时返回假（false）

8.3.4 环境变量

OpenMP 中的主要的环境变量包括 OMP_NUM_THREADS、OMP_SCHEDULE、OMP_DYNAMIC 和 OMP_NESTED。

（1）OMP_NUM_THREADS 用来设置 OpenMP 程序运行时工作线程的数目，它必须是一个正整数。程序中还可以通过调用 omp_set_num_threads 函数设置程序线程数，以及 parallel 指导语句的 num_threads 子句指明对应的 parallel 需要产生的线程数。

（2）OMP_SCHEDULE 用来指定循环的调度方式。

（3）OMP_DYNAMIC 被称为线程数动态调整开关。当它的值为 true 时，在执行 parallel 时，运行时库会根据系统资源状况动态调整工作线程数目。

（4）OMP_NESTED 是控制嵌套并行性的开关。当它的值为 true 时，允许嵌套并行性。

8.3.5 实例

矩形法则的数值积分方法估算 Pi 的值（见图 8-7）。

$$Pi = \int_0^1 \frac{4}{1+x^2} dx \approx \frac{1}{N}\sum_{i=1}^{N}(\frac{i}{N} - \frac{1}{2N}) = \frac{1}{N}\sum_{i=1}^{N}f(\frac{i-0.5}{N})$$

图 8-7　矩形法则的数值积分方法估算 Pi 的值

1. 串行程序

```
#include "stdafx.h"
#include <time.h>
static long num_steps=100000000;
double step, pi;
clock_t t1,t2;
int _tmain(int argc,_TCHAR* argv[]){
  int i;
  double x,sum=0.0;
  step=1.0/(double) num_steps;
  t1=clock();
  for (i=0;i<num_steps;i++){
    x=(i+0.5)*step;
    sum=sum+4.0/(1.0+x*x);
  }
  pi=step*sum;
  t2=clock();
```

```
    printf("pi=%.15f\n",pi);
    printf("time consuming: %d\n",t2-t1);
    return 0;
}
```

程序执行结果如下：

```
pi=3.141592653590426
time consuming: 781
```

2. 并行区域方法

```
#include <stdio.h>
#include <time.h>
#include <stdlib.h>
#include <omp.h>
static long num_steps=100000000;
double step;
#define NUM_THREADS 2
int main(int argc, char* argv[]){
  int i;
  clock_t time_beg, time_end;
  double pi=0.0, sum[NUM_THREADS];
  step=1.0/(double) num_steps;
  omp_set_num_threads(NUM_THREADS);
  time_beg=clock();
  #pragma omp parallel
  {
    double x;
    int i;
    int id=omp_get_thread_num();
    for (i=id,sum[id]=0.0;i<num_steps;i=i+NUM_THREADS){
      x=(i+0.5)*step;
      sum[id]+=4.0/(1.0+x*x);
    }
  }
  for(i=0;i<NUM_THREADS;i++){
    pi+=sum[i] * step; }
    time_end=clock();
    printf("pi=%.15f\n",pi);
    printf("time consuming: %d\n", time_end - time_beg);
    return 0;
  }
}
```

程序执行结果如下：

```
pi=3.141592653590022
time: 375
```

3. for 指令

```
#include "stdafx.h"
#include <time.h>
#include <omp.h>
static long num_steps=100000000;
double step;
```

```
#define NUM_THREADS 2
int _tmain(int argc, _TCHAR*argv[]){
  int i;
  clock_t time_beg, time_end;
  double x,pi,sum[NUM_THREADS];
  step=1.0/(double) num_steps;
  omp_set_num_threads(NUM_THREADS) ;
  time_beg=clock();
  #pragma omp parallel
  {
    double x;
    int id;
    id=omp_get_thread_num();
    sum[id]=0;
    #pragma omp for
    for (i=0;i<num_steps;i++){
      x=(i+0.5)*step;
      sum[id]+=4.0/(1.0+x*x);
    }
  }
  for(i=0,pi=0.0;i<NUM_THREADS;i++)pi += sum[i] * step;
  time_end=clock();
  printf("pi=%.15f\n",pi);
  printf("time consuming: %d\n", time_end - time_beg);
  return 0;
}
```

程序执行结果如下：

```
pi=3.141592653589910
time consuming: 406
```

4. 临界区

```
#include "stdafx.h"
#include <time.h>
#include <omp.h>
static long num_steps=100000000;
double step;
#define NUM_THREADS 2
int _tmain(int argc, _TCHAR* argv[]){
  int i;
  clock_t time_beg,time_end;
  double x, sum, pi=0.0;
  step=1.0/(double) num_steps;
  omp_set_num_threads(NUM_THREADS);
  time_beg=clock();
  #pragma omp parallel private (i, x, sum)
  {
    int id=omp_get_thread_num();
    for (i=id,sum=0.0;i<num_steps;i=i+NUM_THREADS){
      x=(i+0.5)*step;
      sum+=4.0/(1.0+x*x);
```

```
    }
    #pragma omp critical
      pi+=sum * step;
  }
  time_end=clock();
  printf("pi=%.15f\n",pi);
  printf("time consuming: %d\n", time_end - time_beg);
  return 0;
}
```

程序执行结果如下：

```
pi=3.141592653590022
time consuming: 375
```

5. reduction 子句

```
#include "stdafx.h"
#include <time.h>
#include <omp.h>
static long num_steps=100000000;
double step;
#define NUM_THREADS 2
int _tmain(int argc, _TCHAR* argv[]){
  int i;
  clock_t time_beg, time_end;
  double x,pi,sum=0.0;
  step=1.0/(double) num_steps;
  omp_set_num_threads(NUM_THREADS);
  time_beg=clock();
  #pragma omp parallel for reduction(+:sum) private(x)
  for (i=0;i<num_steps;i++){
    x=(i+0.5)*step;
    sum=sum+4.0/(1.0+x*x);
  }
  pi=step*sum;
  time_end=clock();
  printf("pi=%.15f\n",pi);
  printf("time consuming: %d\n", time_end - time_beg);
  return 0;
}
```

程序执行结果如下：

```
pi=3.141592653589910
time consuming: 391
```

程序执行时的硬件配置为 Intel(R) Core(TM) 2 Duo CPU E7300 @2.66GHz，2.00GB 内存。

8.4　MPI 并行软件设计

8.4.1　MPI 消息传递接口

1. 简介

MPI（Message Passing Interface，消息传递接口）编程是基于消息传递的并行编程技术。与

OpenMP 相似，MPI 是一个编程接口标准，而不是一种具体的编程语言。

MPI 标准定义了一组可移植的编程接口，典型的实现包括 MPICH、LAM MPI 以及 Intel MPI。MPI 标准提供了统一的接口，在各种并行平台上被广泛支持，使得 MPI 程序具有良好的可移植性。目前，MPI 支持 Fortran、C/C++等编程语言，支持包括大多数的类 UNIX 系统以及 Windows 系统等多种平台。

2．MPI 程序特点

MPI 程序是基于消息传递的并行程序。与多线程、OpenMP 程序共享同一内存空间不同，消息传递是并行执行的各个进程具有自己独立的堆栈和代码段，作为互不相关的多个程序独立执行，进程之间的信息交互完全通过显式地调用通信函数来完成。消息传递的好处是灵活性更大，除了支持多核并行、SMP 并行之外，消息传递更容易实现多个结点间的并行处理；同时，这种进程独立性和显式消息传递使 MPI 标准更加复杂，基于 MPI 开发并行程序也比较复杂。

基于消息传递的并行程序可以划分为单程序多数据（Single Program Multiple Data，SPMD）和多程序多数据（Multiple Program Multiple Data，MPMD）两种形式。SPMD 使用一个程序来处理多个不同的数据集来达到并行的目的。并行执行的不同程序实例处于完全对等的位置。MPMD 程序使用不同的程序处理多个数据集，合作求解同一个问题。

8.4.2 典型 MPI 实现——MPICH

1．简介

MPI 是一个标准。它不属于任何一个厂商，不依赖于某个操作系统，也不是一种并行编程语言。不同的厂商和组织遵循着这个标准推出各自的实现，不同的实现有不同的特点。

MPICH 是影响最大、用户最多的 MPI 实现，是由美国的 Argonne 国家实验室开发的开放源码的 MPI 软件包。目前 MPI 标准的两个版本是 MPI-1.2 和 MPI-2，在 http://www.mcs.anl.gov/research/projects/mpich2 可以下载相应的软件包。

MPICH 的特点在于：开放源码；与 MPI 标准同步发展；支持多程序多数据编程和异构集群系统；支持 C/C++、Fortran 的绑定；支持类 UNIX 和 Windows 平台；支持环境广泛，包括多核、SMP、集群和大规模并行计算系统；除此之外，MPICH 软件包中还集成了并行程序设计环境组件，包括并行性能可视化分析工具和性能测试工具等。

2．MPICH 的安装和配置

MPICH 为不同硬件平台提供了不同的 Windows 安装程序，可以到相应网址下载对应平台的软件包。在 Windows 下面安装 MPICH-2 只需要执行相应的安装程序即可，例如在 32 位的 Windows XP 平台下，运行安装程序 mpich2-1.2.1-win-ia32.msi。安装时需要.net framework version 2.0 的支持。

在安装的过程，基本上只需要点击下一步（Next）即可，无需作其他的配置。安装过程需要注意的是进程管理器的密码配置，这个密码被用来访问所有的 smpd 服务程序，因此需要长期保存下来，默认的访问密码是 behappy。另外，安装程序提示只能通过管理员才能够安装相应的程序，如果不是管理员组的成员是无法安装 MPICH2 的。

默认的 MPICH2 安装目录是 C:\Program Files\MPICH2，子目录 include 包含了编程所需要的头文件；lib 包含了相应的程序库；bin 包含了 MPI 在 Windows 下面必需的运行程序，如 smpd.exe 进程管理程序,mpiexec.exe 启动程序。另外,运行时需要的动态链接库 dll 安装的默认目录是 Windows 的系统目录中 C:\Windows\System32,因此无需考虑运行路径问题。为避免不必要的麻烦,最好在所有的运行结点上都进行安装。下面以 Microsoft Visual Studio .Net 2008 为例说明编写 MPI 程序的步骤。

第一步:建立 Visual Studio .Net 2008 项目,创建命令行界面的应用程序即可,如图 8-8 所示。

第二步:将 mpich2\include 加入到头文件目录中,配置选项在"菜单工具"→"选项"→"项目和解决方案"→"VC++目录"中,如图 8-9 所示。

第三步:将 mpich2\lib 加入到库文件目录中,配置选项在"菜单工具"→"选项"→"项目和解决方案"→"VC++目录"中,如图 8-10 所示。

第四步:设置项目的属性,将 mpi.lib 加入到链接库中(VS.Net 有的版本中是 mpich.lib)。配置选项在项目的"属性页"→"配置属性"→"链接器"→"输入"→"附加依赖项"中,如图 8-11 所示。

图 8-8　生成默认 Win32 Cosole 项目

图 8-9　配置头文件目录

图 8-10　配置库文件目录

如果是 C 程序的话,此时就可以编译程序了。但是 Visual Studio.Net 2008 默认生成的是 C++ 的应用程序,并且有预编译头(precompiled header)的支持。所以编程时需要采取特殊的手段来避免名字冲突，可将 MPI 的头文件 mpi.h 放在预编译头文件 stdafx.h 的第一句。

图 8-11　配置程序链接库

```
#include "mpi.h"
#include <iostream>
#include <tchar.h>
#include <math.h>
```

现在可以在主程序文件中编写 MPI 程序，编译和连接生成可运行的应用程序（Release 版本）。将生成的程序以及相应的动态链接库（dll，默认安装到 Windows 的系统目录中）复制到所有的运行结点机同名的目录下或者放在一个共享的目录中，然后按照下面的步骤运行 MPI 程序。

第一步：选择"开始"→"程序"→MPICH2→wmpiregister.exe 命令进行注册（见图 8-12），输入本机一个管理员身份的用户名的密码，而且必须设置密码，然后单击 Register 按钮（见图 8-13），最后单击 OK 按钮。

图 8-12　MPICH2 功能菜单

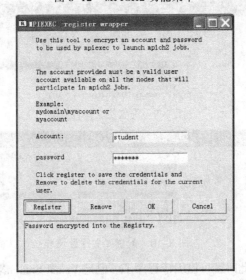

图 8-13　注册

第二步：选择"开始"→"程序"→MPICH2→wmpicnfig.exe 命令进行配置，单击 Get Hosts 获取集群中所有安装了 MPICH 的计算机，然后一次单击 Scan Hosts、Scan for version；然后如果使用集群中多台计算机单击 Apply All 按钮，否则单击 Apply 按钮；最后单击 OK 按钮命令进行（见图 8-14）。

第三步：选择"开始"→"程序"→MPICH2→wmpiexec.exe 命令运行程序，在 Application 处选择要运行的可执行文件如 MPI1.exe，在 number of processes 处选择进程数，选择 run in separate window 选项，最后单击 Execute 按钮，如图 8-15 所示。

图 8-14　配置

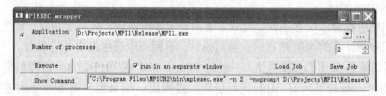

图 8-15　运行

8.4.3 MPI 编程基础

1. 简单的 MPI 程序示例

```
#include "stdafx.h"
#include "mpi.h"
int main(int argc,char *argv[]){
  int rank,size;
  MPI_Init(&argc,&argv);
  MPI_Comm_rank(MPI_COMM_WORLD, &rank);
  MPI_Comm_size(MPI_COMM_WORLD, &size);
```

```
      printf( "Hello world from process %d of %d\n",rank,size );
      MPI_Finalize();
      return 0;
}
```

运行结果如下（四个线程）：

```
Hello world from process 0 of 4
Hello world from process 2 of 4
Hello world from process 1 of 4
Hello world from process 3 of 4
```

在 MPI 程序运行的每个进程中分别打印各自的 MPI 进程号（0~3）和总进程数（4）。四个进程并行执行，程序中没有限制哪个进程在前，哪个进程在后，所以输出顺序是变化的。

2．MPI 程序的四个基本函数

现在进一步分析上面程序。首先，要使用 MPI 函数库，首先要在前面包含 mpi.h。在主函数中，先是变量声明，然后调用了四个 MPI 函数，和一个 printf 函数。这四个 MPI 函数都是 MPI 最重要和最常用的函数。

1）MPI_Init 和 MPI_Finalize

MPI_Init 初始化 MPI 执行环境，建立多个 MPI 进程之间的联系；MPI_Finalize 是结束 MPI 执行环境。一般的 MPI 程序都会在主函数开始和结束分别调用这两个函数。这两个函数定义了 MPI 程序的并行区，在这两个函数定义的区域内调用其他 MPI 函数。MPI_Init 之前和 MPI_Finalize 之后执行的是串行程序语句。

C 语言的 MPI_Init 接口需要提供 argc 和 argv 参数；MPI_Finalize 函数则不需要提供任何参数。MPI_Init 和 MPI_Finalize 都返回整型值，标识函数是否调用成功。

2）MPI_Comm_rank

标识各个 MPI 进程，告诉调用该函数的进程当前进程号。返回整型的错误值，有两个函数参数：MPI_Comm 类型的通信域，标识参与计算的 MPI 进程组；整型指针，返回进程在相应进程组中的进程号（从 0 开始编号）。

3）MPI_Comm_size

用来标识相应进程组中有多少个进程。返回整型的错误值。有两个参数：MPI_Comm 类型的通信域，标识参与计算的 MPI 进程组；整型指针，返回相应进程组中的进程数。

说明：通信域是 MPI_Comm 类型。一般是 MPI_COMM_WORLD，这个进程组是 MPI 实现预先定义好的进程组，指的是所有 MPI 进程所在的进程组。如果用户需要特殊的进程组，可通过 MPI_Comm 定义并通过其他 MPI 函数生成。

3．统计时间

MPI 提供了两个时间函数 MPI_Wtime 和 MPI_Wtick。MPI_Wtime 函数返回一个双精度数，标识从过去的某点的时间到当前时间所消耗的时间秒数。而函数 MPI_Wtick 则返回 MPI_Wtime 结果的精度。

8.4.4　MPI 的点对点通信

1．点对点通信的例子

```
#include "stdafx.h"
```

```
#include "mpi.h"
#include <string.h>
#define BUFLEN 512
int main(int argc,char *argv[]){
  int myid,numprocs,next;
  char buffer[BUFLEN];
  MPI_Status status;
  MPI_Init(&argc,&argv);
  MPI_Comm_size(MPI_COMM_WORLD,&numprocs);
  MPI_Comm_rank(MPI_COMM_WORLD,&myid);
  printf("Process %d of %d\n",myid,numprocs);
  memset(buffer,0,BUFLEN*sizeof(char)); //将 buffer 清空
  if (myid==numprocs-1) next=0;          //告诉每一个进程它的后一个进程号 next 是多少
  else next=myid+1;                      // 最后一个进程号 numprocs-1 的下一个是 0
  if (myid == 0){
    strcpy(buffer,"hello there");        //将字符串 hello there 复制到 buffer 中
    printf("%d sending '%s' \n",myid,buffer);   //输出 buffer 内容
    fflush(stdout);                      //刷新
    MPI_Send(buffer,strlen(buffer)+1,MPI_CHAR,next,99,MPI_COMM_WORLD);
    printf("%d receiving \n",myid);fflush(stdout);

MPI_Recv(buffer,BUFLEN,MPI_CHAR,MPI_ANY_SOURCE,99,MPI_COMM_WORLD,&status);
    printf("%d received '%s' \n",myid,buffer);fflush(stdout);
  }else{
    printf("%d receiving\n",myid);fflush(stdout);
    MPI_Recv(buffer,BUFLEN,MPI_CHAR,MPI_ANY_SOURCE,99,MPI_COMM_WORLD, &status);
    printf("%d received '%s' \n",myid,buffer);fflush(stdout);
    MPI_Send(buffer, strlen(buffer)+1,MPI_CHAR,next,99,MPI_COMM_WORLD);
    printf("%d sent '%s' \n",myid,buffer);fflush(stdout);
  }
  MPI_Finalize();
  return 0;
}
```

运行结果如下（两个进程）：

```
Process 1 of 2
1 receiving
Process 0 of 2
0 sending 'hello there'
0 receiving
0 received 'hello there'
1 received 'hello there'
1 sent 'hello there'
```

2. MPI_Send 函数

标准形式是：

```
int MPI_SEND(buf, count, datatype, dest, tag, comm)
```

输入参数：buf，发送缓冲区的起始地址，可以是各种数组或结构的指针。count，整型，发送的数据个数，应为非负整数。datatype，发送数据的数据类型。dest，整型，目的进程号。tag，整型，消息标志。comm，MPI 进程组所在的通信域。没有输出参数，返回错误码。

该函数向通信域 comm 中的 dest 进程发送数据。消息数据存放在 buf 中，类型是 datatype，个

数是 count 个。消息的标志是 tag，用以和本进程向同一目的进程发送的其他消息区别开。

上面程序中语句

`MPI_Send(buffer,strlen(buffer)+1,MPI_CHAR,next,99,MPI_COMM_WORLD);`

就是在通信域 MPI_COMM_WORLD 中，向 next 号进程（对于 0 号进程来说就是 1 号进程），发送 buffer 中的全部数据也就是 hello there，类型是 MPI_CHAR，标签是 99。注意到在程序前面声明的是 char 型的 buffer，这里用的 datatype 要转化为 MPI_CHAR。MPI_CHAR 是 MPI 的预定义数据类型，它是和常用的 C 数据类型 char 有一一对应的关系。

3. MPI_Recv 函数

标准形式是：

`int MPI_RECV(buf, count, datatype, source, tag, comm, status)`

输出参数包括：buf，接收缓冲区的起始地址，可以是各种数组或结构的指针。status，MPI_Status 结构指针，返回状态信息。

输入参数有：count，整型，最多可接收的数据的个数。datatype，接收数据的数据类型。source，整型，接收数据的来源即发送数据进程的进程号。tag，整型，消息标识，应与相应的发送操作消息标识相同。comm，本消息接收进程和消息发送进程所在的通信域。

函数返回错误码。上面程序中语句

`MPI_Recv(buffer,BUFLEN,MPI_CHAR,MPI_ANY_SOURCE,99,MPI_COMM_WORLD,&status);`

0 号进程从 MPI_COMM_WORLD 域中任意进程（MPI_ANY_SOURCE 表示接收任意源进程发来的消息）接收标签号为 99，而且不超过 512（前面定义了 #define BUFLEN 512）个 MPI_CHAR 类型的数据，保存到 buffer 中。接收缓冲区 buf 的大小不能小于发送过来的有效消息长度。否则可能由于数组越界导致程序错误。

MPI_Recv 绝大多数的参数和 MPI_Send 相对应，有相同的意义。唯一的区别就是 MPI_Recv 里的参数 status。

8.4.5 MPI 群集通信

MPI 还提供了一对多、多对一和多对多的群集通信，多个进程参与通信。点到点通信就像生活中的打电话或单独交谈，群集通信就像小组讨论等多人参与的交流活动。

1. 一对多群集通信函数

一对多群集通信函数有 MPI_Bcast() 和 MPI_Scatter()，这里只讲述 MPI_Bcast()。格式如下：

`int MPI_Bcast(void *buffer,int count,MPI_Datatype datatype, int root, MPI_Comm comm)`

广播：从一个 root 进程向组内所有其他的进程发送一条消息（见图 8-16）。

图 8-16　广播操作示意图

2．多对一群集通信函数

多对一群集通信函数有 MPI_Gather()和 MPI_Reduce()，这里只讲述 MPI_Reduce()。格式如下：

```
int MPI_Reduce(void *sendbuf,void *recvbuf,int count,MPI_Datatype datatype,
                       MPI_Op op,int root,MPI_Comm comm)
```

规约操作。每个进程的待处理数据存放在 sendbuf 中，可以是标量也可以是向量。所有进程将这些值通过输入的操作子 op 计算为最终结果，并将它存入 root 进程的 recvbuf。数据项的数据类型在 Datatype 域中定义。常用的规约操作如表 8-5 所示。

表 8-5　常用规约操作

	操　作	允许的数据类型
MPI_MAX	求最大值	integer，float
MPI_MIN	求最小值	integer，float
MPI_SUM	求和	integer，float
MPI_PROD	求积	integer，float
MPI_LAND	逻辑与	integer
MPI_LOR	逻辑或	integer
MPI_XLOR	逻辑异或	integer
MPI_BAND	按位与	integer, MPI_BYTE
MPI_BOR	按位或	integer, MPI_BYTE
MPI_BXOR	按位异或	integer, MPI_BYTE
MPI_MAXLOC	最大值且相应位置	float, double, long double
MPI_MINLOC	最小值且相应位置	float, double, long double

3．多对多群集通信函数

多对多群集通信函数有 MPI_Allgather()、MPI_Alltoall()、MPI_Scan()等，此处不再详细讲述。

4．同步函数

只有当所有的进程都调用了这个函数后才一起继续往下执行。格式如下：

```
int MPI_Barrier(MPI_Comm comm)
```

8.4.6　实例

主从模式 MPMD 程序：积分法求解 π，程序中应用了广播和规约。

```
#include "stdafx.h"
#include "mpi.h"
#include <math.h>
double f(double a){   //定义函数 f(x)
    return (4.0/(1.0 + a*a));
}
void main(int argc, char *argv[]){
  int done=0, n, myid, numprocs, i;
  double PI25DT=3.141592653589793238462643;   //先给出已知的较为准确的π值
  double mypi,pi,h,sum, x;
  double startwtime,endwtime;
  int  namelen;
```

```
MPI_Init(&argc,&argv);
MPI_Comm_size(MPI_COMM_WORLD,&numprocs);
MPI_Comm_rank(MPI_COMM_WORLD,&myid);
fprintf(stderr,"Process %d of %d\n", myid, numprocs);
fflush(stderr);
n=0;
while (!done){
  if (myid==0){
    printf("Enter the number of intervals: (0 quits) ");fflush(stdout);
    scanf("%d",&n);
    startwtime=MPI_Wtime();
  }
  MPI_Bcast(&n,1,MPI_INT,0,MPI_COMM_WORLD);//将n值广播出去
  if (n==0) done=1;
  else {
    h=1.0/(double)n;          //得到矩形的宽度与所有矩形的宽度都相同
    sum=0.0;                  //给矩形面积赋初值
    for (i=myid+1;i<= n;i+=numprocs){
      /*每一个进程计算一部分矩形的面积。若进程总数numprocs为4,
        将0-1区间划分为100个矩形,则各个进程分别计算矩形块如下
        0进程1、5、9、13、...、97   1进程2、6、10、14、...、98
        2进程3、7、11、15、...、99   3进程4、8、12、16、...、100 */
      x=h*((double)i-0.5);
      sum+=f(x);
    }
    mypi=h*sum;               //各个进程并行计算得到的部分和
    MPI_Reduce(&mypi,&pi,1,MPI_DOUBLE,MPI_SUM,0,MPI_COMM_WORLD);
    //将部分和累加得到所有矩形的面积该面积和即为近似π值
    if (myid==0){             //执行累加的号进程将近似值打印出来
      printf("pi is approximately %.16f, Error is %.16f\n", pi, fabs(pi - PI25DT));
      endwtime=MPI_Wtime();
      printf("wall clock time = %f\n",endwtime-startwtime);
    }
  }
}
MPI_Finalize();
}
```

运行结果（一个进程）：

```
Process 0 of 1
Enter the number of intervals: (0 quits) 100000000
pi is approximately 3.1415926535904264,
Error is 0.0000000000006333
wall clock time = 0.787251
```

运行结果（两个进程）：

```
Process 0 of 2
Process 1 of 2
Enter the number of intervals: (0 quits) 100000000
pi is approximately 3.1415926535900223,
Error is 0.0000000000002292
wall clock time = 0.397611
```

第9章 设计原则

学习目标

- 理解面向对象设计原则的基本概念
- 掌握主要设计原则的概念、实现方法和实例

可维护性和可复用性是两个独立的目标；可维护性复用是指在支持可维护性的同时，提高系统的可复用性。在面向对象的设计里，可维护性复用是以设计原则和设计模式为基础的。本章讲述主要的面向对象设计原则，包括开-闭原则、里氏代换原则、合成/聚合原则、依赖倒转原则、迪米特法则、接口隔离原则和单一职责原则。

9.1 概　　述

通常认为，一个可维护性较好的系统，就是复用率较高的系统；而一个可复用性好的系统，就是一个可维护性好的系统。但是实际上，可维护性和可复用性是两个独立的目标，对于面向对象的软件系统设计来说，在支持可维护性（Maintainability）的同时，提高系统的可复用性（Reuseability）是一个核心的问题。

9.1.1 软件系统的可维护性

1. 软件的维护

像电视机这样的家用电器，使用时间较长，几乎不需要维修。而且，不可能把一个黑白电视机改成彩色电视机，或者将一个小电视机改成一个大电视机。一个软件的维护则不同，有的软件开发只需要半年，维护则可能需要很多年。它不仅包括清除错误和缺陷，而且还要包括对已有性能的扩充，以满足新的设计要求。

一个好的软件设计，一个可维护性较好的系统，必须能够允许新的设计要求能方便地加入到已有的系统中去。

因为用户的要求经常变化，如果一个系统的设计不能预测系统的性能要求会发生什么样的变化，这就导致一个系统的设计无法与新的性能要求相容，造成系统设计无法跟上变化。即便新的性能可以添加到系统中去，也不得不以某种破坏原始设计意图和设计框架的方式加入。

2. 具有可维护性的设计的目标

软件系统的性能要求都是会变化的，系统的设计应该为日后的变化留出足够的空间。一个好的系统设计应该有如下的性质：可扩展性、灵活性、可插入性。

（1）可扩展性：新的性能可以很容易地加入到系统中去。要加入一个新性能，在增加一个独立的新模块的同时，不会影响很多其他模块，不会造成几个模块的改动。比如一个新的制动防滑系统应该可以在不影响汽车其他部分的情况下加入到系统中。如果加入了这个防滑系统之后，汽车的方向盘因此出问题，那么这个系统就不是扩展性好的系统。

（2）灵活性：代码修改不会波及很多其他的模块。比如一辆汽车的空调发生了故障，技师把空调修好之后，汽车的发动机不能启动了，这就不是一个很灵活的系统。

（3）可插入性：可以很容易地将一个类用另一个有同样接口的类代替。一段代码、函数、模块可以在新的模块或者新系统中使用，这些已有的代码不会依赖于一大堆其他的东西。比如应该可以很容易地将一辆汽车的安全气囊取出来，换上一个新的。如果将气囊拿出来后，汽车的传动杆不工作了，那么这个系统就不是一个可插入性很好的系统。

9.1.2 系统的可复用性

复用可以提高生产效率。软件成分的重复使用可以为将来的使用节省费用。一个组件被复用的频率越高，组件的初始开发投资就相对越少。

复用可以提高软件质量。可复用的软件成分比不能复用的软件成分有更多的质量保证。

复用可以改善系统的可维护性。如果一个复用率高的软件组件有程序缺陷的话，这种缺陷可以快速、彻底地被排除。这样的软件成分有利于系统的可维护性。

1．传统的复用

传统的复用通常有下面几种方式。

（1）代码的剪贴复用：虽然代码的剪贴复用比完全没有复用好一些，但是代码的剪贴复用在具体实施时，要冒着产生错误的风险。管理人员不可能跟踪大块代码的变异和使用。由于同样或类似的源代码同时被复制到多个软件成分中，当这块软代码发生程序错误需要修改时，程序员需要独立地修改每一块备件。同样，多个软件成分需要独立地检测。复用所能节省的初期投资十分有限。

（2）算法的复用：各种算法比如排序算法得到了大量的研究。应用程序编程时通常不会建立自己的排序算法，而是在得到了很好的研究的各种算法中选择一个。

（3）数据结构的复用：队列、列表等数据结构得到了十分透彻的研究，可以方便地拿过来使用。

传统复用的缺陷就是复用常常是以破坏可维护性为代价的。比如两个模块 A 和 B 同时使用另一个模块 C 中的功能。那么当 A 需要 C 增加一个新的行为的时候，B 有可能不需要、甚至不允许 C 增加这个新行为。如果坚持使用复用，就不得不以系统的可维护性为代价；而如果从保持系统的可维护性出发，就只好放弃复用。可维护性与可复用性是有共同性的两个独立特性。因此，重要的是支持可维护性的复用，也就是在保持甚至提高系统的可维护性的同时，实现系统的复用。

2．面向对象设计的复用

面向对象的语言（例如 Java 语言）中，数据的抽象化、继承、封装和多态性等语言特性使得一个系统可在更高的层次上提供可复用性。数据的抽象化和继承关系使得概念和定义可以复用；多态性使得实现和应用可以复用；而抽象化和封装可以保持和促进系统的可维护性。这样一来，复用的焦点不再集中在函数和算法等具体实现细节上，而是集中在最重要的含有宏观商业逻辑的抽象层次上。

这并不是说实现细节的复用不再重要，而是因为这些细节上的复用往往已经做得很好，而抽象层次是比这些细节更值得强调的复用，因为它们是在提高复用性的同时保持和提高可维护性的关键。

如果抽象层次的模块相对独立于具体层次的模块的话，具体层次内部的变化就不会影响到抽象层次的结构，所以抽象层次的模块的复用就会较为容易。

9.1.3　可维护性复用、设计原则和设计模式

在面向对象的设计里，可维护性复用是以设计原则和设计模式为基础的。

设计原则是在提高一个系统的可维护性的同时，提高这个系统的可复用性的指导原则。依照这些设计原则进行系统设计，就可以实现可维护性复用。设计原则包括"开-闭"原则、里氏代换原则、依赖倒转原则、接口隔离原则、组合聚合复用原则、迪米特法则。这些设计原则首先都是复用的原则，遵循这些设计原则可以有效地提高系统的复用性，同时提高系统的可维护性。

"开-闭"原则、里氏代换原则、依赖倒转原则和组合/聚合复用原则可以在提高系统的可复用性同时，提高系统的可扩展性。允许一个具有同样接口的新类代替旧类，是对抽象接口的复用。客户端不依赖于一个具体实现类，而是一个抽象的接口，那么这个具体类可以被另一个具体类所取代时，不会影响到客户端。

"开-闭"原则、迪米特法则、接口隔离原则可以在提高系统的可复用性同时，提高系统的灵活性。如果系统中每一个模块都相对于其他模块独立存在，并只保持与其他模块的尽可能少的通信，那么，其中某一个模块发生代码修改的时候，不会影响到其他的模块。

"开-闭"原则、里氏代换原则、组合/聚合复用原则以及依赖倒转原则可以在提高系统的可复用性同时，提高系统的可插入性。例如，在一个符合"开-闭"原则的系统中，抽象层封装了与商业逻辑有关的重要行为，而具体实现由实现层给出。当一个实现类不满足需要需要用另一个实现类代替时，旧类可以很方便地去掉，而由新类替换。

设计模式分为创建模式、结构模式和行为模式三大类别，主要有 23 个。设计模式本身并不能保证一个系统的可复用性和可维护性，但是设计师运用设计模式的思想设计系统可以提高系统设计的复用性和可维护性。设计模式的思想有助于提高设计师的设计风格、设计水平，并促进同行之间的沟通。

9.2　开-闭原则

9.2.1　概念

开-闭原则（Open-Closed Principle，OCP）是指软件应该对扩展开放，对修改关闭。在设计一个模块时，应当使这个模块可以在不被修改源代码的前提下被扩展——改变这个模块的行为。

满足开-闭原则的软件系统通过扩展已有的软件系统，可以提供新的行为，以满足对软件的新需求，使变化中的软件系统有一定的适应性和灵活性。同时，已有的软件模块，特别是最重要的抽象层模块不能再修改，这就使变化中的软件系统有一定的稳定性和延续性。这样的软件系统是一个在高层次上实现了复用的系统，也是一个易于维护的系统。

9.2.2 实现方法

运用面向对象技术，定义不再更改的抽象层，但允许有无穷无尽的行为在实现层被实现。面向对象语言中抽象数据类型（例如，Java 语言的抽象类或接口），可以规定出所有的具体类必须提供的方法特征作为系统设计的抽象层；这个抽象层预见了所有可能的扩展，在任何扩展情况下都不改变；系统的抽象层不修改，满足了开-闭原则的中对修改关闭的要求。同时，由于从抽象层导出一个或多个新的具体类可以改变系统的行为，因此系统的设计对扩展是开放的，这就满足了开-闭原则对扩展开放的要求。

另外，考虑设计中可能会发生变化的元素。注意考虑的不是什么会导致设计改变，而是允许什么发生变化而不让这一变化导致重新设计。

尽管在很多情况下，无法百分之百地做到开-闭原则，但是即使是部分的满足，也可以显著地改善一个系统的结构。

9.2.3 与其他设计原则的关系

其他设计原则都是开-闭原则的手段和工具，是附属于开-闭原则的。

（1）里氏代换原则：任何父类可以出现的地方，子类一定可以出现。里氏代换原则是对开-闭原则的补充，是对实现抽象化的具体步骤的规范。实现开-闭原则的关键是创建抽象化，并且从抽象化导出具体化。而从抽象化到具体化的导出要使用继承关系和里氏代换原则。一般而言，违反里氏代换原则的，也违背开-闭原则，反过来并不一定成立。

（2）依赖倒转原则：要依赖于抽象，不要依赖于实现。依赖倒转原则与开-闭原则之间是目标和手段之间的关系：要想实现"开-闭"原则这个目标，就应当坚持依赖倒转原则。违反依赖倒转原则，就不可能达到开-闭原则的要求。

（3）合成/聚合复用原则：要尽量使用合成/聚合实现复用，而不是继承。遵守合成/聚合复用原则是实现开-闭原则的必要条件；违反这一原则就无法实现开-闭原则。

（4）接口隔离原则：应当为客户端提供尽可能小的独立接口，而不要提供大的总接口。这是对一个软件实体与其他的软件实体的通信的限制。遵循接口隔离原则，会使一个软件系统在功能扩展的过程当中，对一个对象的修改不会影响到其他的对象。

（5）迪米特法则：一个软件实体应当与尽可能少的其他实体发生相互作用。当一个系统功能扩展时，模块如果是孤立的，就不会影响到其他模块。遵守迪米特原则的系统在功能需要扩展时，会相对更容易做到对修改的关闭。

9.2.4 实例

绝对的对修改关闭是不可能的，设计人员必须对自己设计的模块应该对哪种变化封闭做出选择。必须先猜测出最有可能发生的变化种类，然后构造抽象来隔离那些变化，有时会把本该简单的设计做得非常复杂。

但可以在发生小变化时，就及早去想办法应对发生更大变化的可能。在最初编写代码时，假设变化不会发生。当变化发生时，就创建抽象来隔离以后发生的同类变化。

比如加法程序，可以很快在一个 client 类中完成，此时变化还没有发生。然后加一个减法功能，会发现增加功能需要修改原来这个类，这就违背了开-闭原则，于是就该考虑重构程序，增加一个抽象的运算类，通过一些面向对象的手段，如继承、多态等来隔离具体加法、减法与 client 耦合，需求依然可以满足，还能应对变化。这时又要再加乘除法功能，就不需要再去更改 client 以及加法、减法的类，而是增加乘法和除法子类即可。即面对需求，对程序的改动是通过增加新代码进行的，而不是更改现有的代码。这就是开-闭原则。

开发工作展开不久就要知道可能发生的变化。否则如果加法运算都在很多地方用了，再考虑抽象、分离，就很困难。

同时，也不需要对应用程序中的每个部分都刻意地进行抽象，拒绝不成熟的抽象和抽象本身一样重要。

9.3　里氏代换原则

9.3.1　概念

里氏代换原则（Liskov Substitution Principle，LSP）是指子类型必须能够替换掉它们的父类型。子类继承了父类，子类可以以父类的身份出现。即在软件里面，把父类都替换成它的子类，程序的行为没有变化。

里氏代换原则的一种描述是：如果对每一个类型为 T1 的对象 o1，都有类型为 T2 的对象 o2，使得以 T1 定义的所有程序 P 在所有的对象 o1 都代换成 o2 时，程序 P 的行为没有变化，那么类型 T2 是类型 T1 的子类型。

假设有两个类，一个是 Base 类，另一个是 Sub 类，并且 Sub 类是 Base 类的子类。那么一个方法如果可以接受一个父类对象 b 的话：method1(Base b)，那么它必然可以接受一个子类对象 s，即 method1(Sub s)是正确的。

注意，反过来的代换则不成立，即如果一个软件实体使用的是一个子类的话，那么它不一定适用于父类。如果一个方法 method2 接受子类对象为参数的话：method2(Sub s)，那么 method2(Base b)不一定正确。

里氏代换原则是继承复用的基础。只有当子类可以替换掉父类，软件单位的功能不受到影响时，父类才能其正被复用，而子类也能够在父类的基础上增加新的行为。例如，狗是继承动物类的，以动物的身份拥有吃、喝、跑、叫等行为。当需要猫、羊也拥有类似的行为时，由于它们都是继承于动物，所以除了更改实例化的部分外，不需要改变程序其他部分。

```
class Animal{
    //……
}
class Dog extends Animal{
    //……
}
class Cat extends Animal{
    //……
}
class Sheep extends Animal{
    //……
}
class client{
```

```
Animal animal=new Dog();    // Animal animal=new Cat();
//……
}
```

正是由于子类型的可替换性才使得使用父类类型的模块在无须修改的情况下就可扩展;所以,有了里氏代换原则,才能够满足开-闭原则。而依赖倒转原则中指出,依赖了抽象的接口或抽象类,就不怕更改,原因也在于里氏代换原则。

9.3.2 Java语言与里氏代换原则

在编译时期,Java语言编译器会检查一个程序是否符合里氏代换原则。

例如,一个父类Base声明了一个public方法method(),那么其子类Sub不能将这个方法的访问权限从public改换成为package/private。也就是说,子类型不能使用一个低访问权限的方法private method()覆盖父类的方法public method()。

原因是客户端完全有可能调用父类的公开方法。若以子类代之,这个方法变成了私有的,客户端不能调用。这是违反里氏代换法则的,Java编译器编译会报错。

但是,Java编译器不能检查一个系统在具体实现和商业逻辑上是否满足里氏代换法则。典型的例子就是"圆形类是否是椭圆形类的子类"和"正方形类是否是长方形类的子类"的问题。

9.3.3 实例

如果有两个具有继承关系的类A和B违反了里氏代换原则,就要取消继承关系,可考虑采用下面的方案之一。

(1)创建一个新的抽象类C,作为两个具体类的父类,将A和B的共同行为移动到C中,从而解决A和B行为不完全一致的问题,如图9-1所示。

图9-1 创建一个新类C

(2)将A和B的继承关系改写为合成/聚合关系。

下面以圆形是否是椭圆形的子类的问题为例来说明第一种方案,第二种方案参见合成/聚合复用原则。

一个椭圆形Ellipse类的定义如下所示:

```
class Ellipse{
  private long major_axis ;
  private long short_axis ;
  public void setMajor_axis(long major_axis){
    this.major_axis=major_axis ;
  }
  public long getMajor_axis(){
    return this.major_axis ;
```

```
  }
  public void setShort_axis(long short_axis){
    this.short_axis=short_axis ;
  }
  public long getShort_axis(){
    return this.short_axis ;
  }
}
```

当 major_axis 与 short_axis 相等时，就得到了圆形对象。Circle 类源代码如下所示：

```
class Circle{
  private long radius;
  public void setRadius(long radius){
    this.radius=radius;
  }
  public long getRadius(){
    return radius;
  }
}
```

改写圆形 Circle 类，使 Circle 类成为椭圆形 Ellipse 类的子类。

```
class Circle extends Ellipse{
  private long radius;
  public void setMajor_axis(long major_axis){
    setRadius(major_axis);
  }
  public long getMajor_axis(){
    return getRadius();
  }
  public void setShort_axis(long short_axis){
    setRadius(short_axis);
  }
  public long getShort_axis(){
    return getRadius();
  }
  public long getRadius(){
    return radius;
  }
  public void setRadius(long radius){
    this.radius=radius;
  }
}
```

这样，只要 major_axis 或 short_axis 被赋值，那么 major_axis 和 short_axis 会同时被赋值，从而使椭圆形的长轴和短轴总是相等的。

但是如果客户端使用一个 Circle 对象调用下面的 resize()方法时，当传入的是一个 Ellipse 类的对象，这个 resize()方法会将短轴不断增加，直到它超过长轴才停下来。

```
class Test{
  public void resize(Ellipse e){
    while (e.getShort_axis()<=e.getMajor_axis()){
      e.setShort_axis(e.getShort_axis()+1);
```

```
    System.out.println("Short_axis="+e.getShort_axis());
    System.out.println("Major_axis="+e.getMajor_axis());
    }
  }
}
```

如果传入的是一个 Circle 类的对象时，这个 resize()方法就会将圆形的半径不断地增加下去，直到溢出为止。

```
class Client{
  public static void main(String[] args){
    Circle c=new Circle();
    c.setRadius(6);
    Test t=new Test();
    t.resize(c);
  }
}
```

里氏代换原则被破坏了，因此 Circle 不应当成为 Ellipse 的子类。里氏代换原则与常规数学法则和生活常识是有区别的。

实际上，Ellipse 与 Circle 都应当属于圆锥曲线（Conic）类的子类。

这样，通过一个 Conic（圆锥曲线）类，并将 Ellipse 与 Circle 变成它的具体子类，就解决了 Ellipse 与 Circle 的关系不符合里氏代换原则的问题。

```
interface Conic{
  public long getMajor_axis();
  public long getShort_axis();
}
```

这个圆锥曲线类只声明了两个取值方法，没有声明任何的赋值方法。

Ellipse 类的源代码如下，给出了相应的赋值方法。

```
class Ellipse implements Conic{
  private long major_axis ;
  private long short_axis ;
  public void setMajor_axis(long major_axis){
    this.major_axis=major_axis ;
  }
  public long getMajor_axis(){
    return this.major_axis;
  }
  public void setShort_axis(long short_axis){
    this.short_axis=short_axis ;
  }
  public long getShort_axis(){
    return this.short_axis;
  }
}
```

圆形类的源代码如下所示，它也给出了相应的赋值方法。

```
class Circle implements Conic{
  private long radius;
  public void setRadius(long radius){
    this.radius = radius;
```

```
}
public long getRadius(){
  return radius;
}
public long getMajor_axis(){
  return getRadius ();
}
public long getShort_axis(){
  return getRadius();
}
}
```

父类 Conic 类没有赋值方法，因此类似于 Test 类的 resize()方法不可能适用于 Conic 类型，而只能适用于不同的具体子类 Ellipse 和 Circle，因此里氏代换原则没有被破坏。

圆形类不是作为椭圆形的子类，因为圆形类不具有椭圆形类所有的行为。但是，不变圆形类（半径不会发生变化的圆形）是可以成为椭圆形类的子类的。

9.4　合成/聚合复用原则

9.4.1　概念

合成（Composition）也称组合，是一种强的拥有关系，体现了严格的部分和整体的关系，部分和整体的生命周期一样。聚合（Aggregation）表示一种弱的拥有关系或者整体与部分的关系，体现的是 A 对象可以包含 B 对象，但 B 对象不是 A 对象的一部分。

合成/聚合复用原则（Composite/Aggregate Reuse Principle，CARP）是指在一个新的对象里面使用一些已有的对象，使之成为新对象的一部分；新的对象可以调用已有对象的功能，从而达到复用已有功能的目的。换句话说，要尽量使用合成/聚合，尽量不使用继承。

合成/聚合复用原则会使类和类继承层次保持较小规模，避免成为不可控制的庞然大物。

9.4.2　合成/聚合复用与继承复用

面向对象的设计可以通过合成/聚合或继承在不同的环境中复用已有的设计实现。

1．合成/聚合复用

合成或聚合将已有的对象纳入到新对象中，使之成为新对象的一部分，因此新的对象可以调用已有对象的功能。这种方法的主要优点是合成/聚合作为复用的手段可以应用到几乎任何环境中去；新对象访问已有对象的唯一方法是通过已有对象的接口；黑箱复用，已有对象的内部细节对新对象不可见。合成/聚合复用的主要缺点是通过使用这种复用构建的系统要管理较多的对象。

2．继承复用

继承复用中，父类具有子类共同的属性和方法，而子类通过增加新的属性和方法来扩展父类的实现。继承复用的主要优点是父类的大部分功能可以通过继承关系自动进入子类，所以新的实现比较容易；修改或扩展继承而来的实现也比较容易。

继承复用的主要缺点是白箱复用，父类的内部细节对子类是透明的，继承将父类的实现细节暴露给子类，继承复用破坏包装；子类与父类有紧密的依赖关系，如果父类发生改变，子类也要发生改变，而且之后的各级子类都要发生改变。这些缺点限制了灵活性和复用性，尽量使用合成/聚合而不是继承来达到对实现的复用，是非常重要的设计原则。

里氏代换原则是继承复用的基础。如果在任何使用 B 类型的地方都可以使用 S 类型，那么 S 类型才能称为 B 类型的子类型，而 B 类型才能称为 S 类型的基类型（父类型）。

3. Has-A 与 Is-A

Is-A 是严格的分类学意义上的定义，意思是一个类是另一个类的一种。Has-A 表示某一个角色具有某一项责任；代表一个类是另一个类的一个角色，而不是另一个类的一个特殊种类。继承复用是 Is-A，合成/聚合复用是 Has-A。

根据里氏代换原则，如果两个类的关系是"Has-A"关系而不是"Is-A"关系，这两个类一定违反里氏代换原则；只有两个类满足里氏代换原则，才有可能是"Is-A"关系。

9.4.3 实例

要正确地使用继承关系，必须透彻地理解里氏代换原则。如果有两个具有继承关系的类违反了里氏代换原则，就要取消继承关系。可以创建一个新的共同的抽象父类，取消继承关系，这一办法已经在"里氏代换原则"中讨论过；还可以将继承关系改写为合成/聚合关系，本小节讨论这种方法。

如果有一个代表人的父类 People，它有三个子类，分别是代表雇员的 Employee 类、代表经理的 Manager 类和代表学生的 Student 类，这种继承关系是不正确的。

因为 Employee、Manager 和 Student 分别描述一种角色——雇员、经理和学生，而人可以同时有几种不同的角色。例如，一个经理可以同时在读在职研究生，也是一个学生。使用继承来实现角色，会使一个人只能具有一种角色。一个人在成为雇员身份后，就不能成为经理或学生了，这是不合理的。这就是说，当一个类是另一个类的角色时，不应当使用继承描述这种关系。

```
class People{
  //……
}

class Employee extends People {
  //……
}
class Manager extends People{
  //……
}
class Student extends People{
  //……
}
```

这一错误的设计源自于把角色的等级结构与人的等级结构混淆，把 Has-A 角色误解为 Is-A 角色。使用继承来实现角色，只能使每一个人具有 Has-A 角色，而且继承是静态的，造成一个人在成为雇员身份后，就永远为雇员，不能成为经理或学生。纠正这一错误的关键是区分人与角色的区别。

所以，People 类和 Employee 类、Manager 类、Student 类之间不是继承关系，这里采用将继承关系改写为合成/聚合关系的方法解决这个问题。

增加一个类 Role 表示角色, People 类和 Role 类之间是合成关系, Role 类和 Employee 类、Manager 类、Student 类之间是继承关系。这样，每一个人都可以有一个以上的角色，一个人可以同时是经理，又是学生。而且由于人与角色是合成关系，所以角色可以动态变化。一个人可以开始是一个雇员，然后晋升为经理；然后他又在职读研究生，又成为了学生。

```
class People{
  Role r=new Manager();
  //……
}
class Role{
  //……
}

class Employee extends Role{
  //……
}
class Manager extends Role{
  //……
}
class Student extends Role{
  //……
}
```

9.5　依赖倒转原则

依赖倒转原则（Dependence Inversion Principle，DIP）讲的是要依赖于抽象，不要依赖于具体。而实现开-闭原则的关键就是抽象化，并且从抽象化导出具体化实现。

9.5.1　倒转的含义

依赖倒转原则有两层含义：高层模块不应该依赖低层模块，两个层都应该依赖抽象；抽象不应该依赖细节，细节应该依赖抽象。

从复用角度来看，设计者应当复用高层次的模块。但是在传统的过程性的设计中，复用却侧重于具体层次模块的复用，比如算法的复用、数据结构的复用、函数库的复用等，都不可避免是具体层次模块里的复用。面向过程的开发时，为了使常用代码可以复用，一般都会把这些常用代码写成许多函数的程序库，这样在做新项目时，调用这些低层的函数即可。例如，项目大多要访问数据库，所以就把访问数据库的代码写成了函数，每次做新项目时就调用这些函数。这就称做高层模块依赖低层模块。较高层次的结构依赖于较低层次的结构，较低层次的结构又进一步依赖于更低层次的结构，如此继续，直到依赖于每一行的代码。较低层次上的修改，会造成较高层次的修改，直到高层次逻辑的修改。同样，传统的做法也强调具体层次上的可维护性，包括一个函数、数据结构等的可维护性，而不是高级层次上的可维护性。

这么做存在很大的问题。要做新项目时，发现业务逻辑的高层模块都是一样的。但客户却希望使用不同的数据库或存储信息方式，这时就出现麻烦了。希望能再次利用这些高层模块，但高层模块都是与低层的访问数据库绑定在一起的，结果就没办法复用这些高层模块。

如果不管高层模块还是低层模块，它们都依赖于抽象（接口或抽象类），只要接口是稳定的，那么任何更改都不用担心其他模块受到影响，这就使得无论高层模块还是低层模块都可以很容易地被复用。依赖了抽象的接口或抽象类就不怕更改，这是由里氏代换原则决定的。依赖倒转其实就是谁也不要依靠谁，除了约定的接口，大家都可灵活自如。

从复用的意义上讲，既然抽象层次含有一个应用系统最重要的宏观商务逻辑，是做战略性判断和决定的地方，那么抽象层次就应当是较为稳定的，应当是复用的重点——复用应当将重点放在抽象层次上。如果抽象层次的模块相对独立于具体层次的模块，那么抽象层次的模块的复用便是相对较为容易的。同样，最重要的宏观商务逻辑也应当是维护的重点。因此，遵守依赖倒转原则会带来复用和可维护性的倒转。

依赖倒转其实可以说是面向对象设计的标志，用哪种语言来编写程序不重要。如果编写程序时考虑的都是如何针对抽象编程而不是针对细节编程，即程序中所有的依赖关系都是终止于抽象类或者接口，那就是面向对象的设计，反之就是过程化的设计。

9.5.2　概念

在面向对象的系统里，两个类之间有零耦合、具体耦合和抽象耦合三种类型的耦合关系。零耦合是指两个类没有耦合关系。具体耦合是指在两个具体类之间的耦合，一个类对另一个具体类直接引用。抽象耦合是指一个具体类和一个抽象类/Java 接口之间的耦合，有最大的灵活性。依赖倒转原则要求客户端依赖于抽象耦合。

1．依赖倒转原则概念

依赖倒转原则指的是抽象不应当依赖于细节；细节应当依赖于抽象。

依赖倒转原则还可以表达为要针对接口编程，不要针对实现编程。针对接口编程是指应当使用抽象类或 Java 接口进行变量的类型声明、参量的类型声明、方法的返还类型声明，以及数据类型的转换等。不要针对实现编程的意思是指不应使用具体类进行这些工作。要达到这个要求，一个具体类应当只实现抽象类或 Java 接口中声明过的方法，而不应给出多余方法。

2．Java 中的上转型

在 Java API 中定义了 AbstractList 类，它继承了 AbstractCollection 类，实现了 List 接口，并有 AbstractSequentialList、ArrayList、Vector 等直接子类。对于代码：

```
List employees=new Vector();
```

在 employees 对象声明的类型是 List 接口，但却实例化为 Vector 类的对象。这就是针对接口编程的含义。

这句其实是指父类对象 employees 是子类 Vector 对象的上转型对象。上转型对象不能操作子类新增的成员变量（失掉了这部分属性）；不能使用子类新增的方法（失掉了一些功能）。上转型对象可以操作子类继承或者隐藏的成员变量，也可以使用子类继承的或者重写（覆盖）的方法。上转型对象操作子类继承或重写（覆盖）的方法，其作用等价于子类对象去调用这些方法。因此，如果子类重写（覆盖）了父类的某个方法，则当对象的上转型对象调用这个方法时一定是调用了这个重写（覆盖）的方法。

尽量不要使用下面的声明语句：

```
Vector employees=new Vector();
```

二者的区别在于前者使用一个抽象类型（List 是 Java 接口）作为类型，而后者使用一个具体类（Vector）作为变量的类型。前者的优点是在将 Vector 类型转换成 ArrayList 时，需要的改动很少，具体如下：

```
List employees=new ArrayList();
```

这样的程序具有更好的灵活性，因为除了调用构造函数的部分之外，程序的其余部分没有变化。

只要一个被引用的对象存在抽象类型，就应当在任何引用此对象的部分使用抽象类型，包括参量的类型声明、方法返还类型的声明、属性变量的类型声明等。

3．抽象耦合

以抽象方式耦合是依赖倒转原则的关键。

由于一个抽象耦合关系总要涉及具体类从抽象类继承，并且需要保证在任何引用到父类的地方都可以改换成其子类，因此，里氏代换原则是依赖倒转原则的基础。

在抽象层次上的耦合有灵活性，但也带来了额外的复杂性。在一个具体类发生变化的可能性非常小的情况下，抽象耦合能发挥的好处十分有限，这时使用具体耦合反而会更好。

4．依赖倒转原则的特点

依赖倒转原则是面向对象设计的核心原则，设计模式的研究和应用是以依赖倒转原则为指导原则的。例如工厂模式、模板模式和迭代模式等。

但是，依赖倒转原则是最不容易实现的。为满足依赖倒转原则，对象的创建一般要使用对象工厂，以避免对具体类的直接引用。同时，依赖倒转原则还会导致大量的类。

此外，依赖倒转原则假定所有的具体类都是会变化的。实际上有一些具体类可能是相当稳定、不会发生变化的，使用这个具体类实例的客户端完全可以依赖于该具体类型，而不必为此设计一个抽象类型。

9.5.3　实例

账号 Account 类中创建了一个表示账号种类的 AccountType 类的对象和一个次表示账号状态的 AccountStatus 类的对象，它们是聚合关系。AccountType 类和 AccountStatus 类都是抽象类，每个抽象类都有两个的具体子类。AccountType 类的两个具体子类是代表储蓄账号的 Saving 类和代表结算账号的 Settlement 类；AccountStatus 类的两个具体子类是表示账号处于"开"状态的 Open 类和表示账号处于"冻结"状态的 frozen 类。

```
class Account{
  private AccountType accountType;
  private AccountStatus accountStatus;
  public Account(AccountType acctType){
    //……
  }
  public void deposit(float amount){
    //……
  }
}

abstract class AccountType{
  public abstract void deposit(float amount);
}
abstract class AccountStatus{
```

```
    public abstract void sendMessage();
}

class Savings extends AccountType{
  public void deposit(float amount){
    //......
  }
}
class Settlement extends AccountType{
  public void deposit(float amount){
    //......
  }
}

class Open extends AccountStatus{
  public void sendMessage(){
    //......
  }
}
class Frozen extends AccountStatus{
    public void sendMessage(){
    //......
  }
}
```

Account 类依赖于 AccountType 和 AccountStatus 两个抽象类型，而不是它们的子类型。Account 类不依赖于具体类，因此当有新的具体类型添加到系统中时，Account 类不必改变。

例如，如果系统增加新类型的账号：代表支票账户的 Checking 类，Account 类以及系统里所有其他的依赖于 AccountType 抽象类的客户端类都不用修改。

```
class Checking extends AccountType{
  public void deposit(float amount){
    //......
  }
}
```

9.6 迪米特法则

9.6.1 概念

迪米特法则（Law of Demeter，LoD）又称做最少知识原则（Least Knowledge Principle，LKP），是指一个对象应当对其他对象有尽可能少的了解。

迪米特法则可以表述为只与直接的朋友们通信，不要跟"陌生人"说话；每一个软件单位对其他的单位都只有最少的认识，而且局限于那些与本单位密切相关的软件单位。

1. 狭义迪米特法则

狭义迪米特法则是指如果两个类不是必须要彼此直接通信，那么这两个类就不应当发生直接的相互作用。这时，如果其中的一个类需要调用另一个类的某一个方法，可通过第三者转发这个调用。

迪米特法则的缺点是会在系统里造出大量的小方法，散落在系统的各个角落。这些方法的作用是传递间接的调用，与系统的商务逻辑无关。从类图看系统的总体架构时，这些小的方法会造成迷惑。

遵循迪米特法则会使一个系统的局部设计简化，因为每一个局部都不会和远距离的对象有直接关联。但这也会造成系统的不同模块之间的通信效率降低，也会使系统的不同模块之间不容易协调。

2. 广义迪米特法则

一个设计得好的模块应该将自己的内部数据和与实现有关的细节隐藏起来，将提供给外界的 API 和自己的实现分隔开。这样，模块与模块之间只通过彼此的 API 相互通信，而不理会模块内部的工作细节。这就是面向对象的封装特性。

通过封装实现的信息隐藏可以使各个子系统之间脱耦，它们可以独立地开发。并且可以独立地同时开发各个模块，从而可以有效地加快系统的开发过程。同时，模块间相互没有影响，可以很容易维护。信息的隐藏可促进软件的复用，每一个模块都不依赖于其他模块，因此每一个模块都可以独立地在其他地方使用。

迪米特法则的核心观念就是类间解耦，这样类的复用性就可以提高。将迪米特法则运用到系统设计特别是类的设计时，要注意下面的几点：

（1）在类的划分上，应当使创建的类之间的耦合为弱耦合，有利于复用。一个弱耦合中的类被修改不会对有关系的类造成影响。

（2）在类的设计上，尽量将一个类设成不变类。如果一个对象的内部状态根本就是不可能改变的，那么它与外界的通信的可能性就很小了。不可变类就是获得这个类的一个实例引用时，不可以改变这个实例的内容；不可变类的实例一但创建，其成员变量的值就不能被修改；不变类易于设计、实现和使用。Java 语言的不变类是 final 类，不能被继承，Java API 中 String 类就是不变类。可变类是指获得这个类的一个实例引用时，可以改变这个实例的内容；即使一个类必须是可变类，在不是非常需要的情况下，也不要为一个属性设置赋值方法。

（3）在类的设计上，尽量降低一个类的访问权限。Java 类不加访问控制符时的默认访问权限是只能从当前包访问，而使用 public 访问控制符时没有访问限制。尽量不加访问控制符，这样类发生修改时，受到影响的客户端只限于这个包内部。

（4）在类的设计上，尽量降低成员的访问权限。Java 类的成员变量的访问控制符尽量采用 private 方式，只能从当前类的内部访问，通过提供取值和赋值方法让外界间接访问。设计类的成员方法时首先设置为 private；在当前包中还有别的类调用这个方法时，可将访问权限改为默认，即不加访问控制符。方法需要被另一个包中的子类访问时，再设置为 protected。

```
class Point{                    //默认只能本包访问
    private int x;              //只能本类直接访问，通过取值和赋值方法让外界间接访问
    private int y;              //只能本类直接访问，通过取值和赋值方法让外界间接访问

    int getX(){                 //默认只能本包访问
      return x;
    }
    int getY(){                 //默认只能本包访问
      return y;
    }
```

```
    void setX(int x){          //默认只能本包访问
      this.x=x;
    }
    void setY(int y){          //默认只能本包访问
      this.y=y;
    }
    private void operation(){ //只能本类访问
      //……
    }
}
```

9.6.2 实例

1．概述

明星经纪人是明星与外界的桥梁。外界可以是各影视公司，需要明星代言的商家等。经纪人进行活动与演出的洽淡，歌迷粉丝以及各种事情的代办与处理等。也就是说明星并不需要与外界直接发生相互作用，而是明星经纪人与外界发生直接的相互作用。这样就是符合迪米特法则的。

明星经纪人实际上起到了将明星对外界的调用转发给外界的作用。这种传递称做调用转发，即隐藏外界的存在，使明星只知道明星经纪人，而不知道外界，明星会认为他所调用的这个方法是明星经纪人的方法。

2．不满足迪米特法则的系统

系统由三个类组成，分别是代表明星的 Star 类，代表明星经纪人的 Agent 类和代表外界的 Outside_world 类。

代表明星经纪人的 Agent 类和代表外界的 Outside_world 类直接发生相互作用，所以 Agent 类中有一个 Outside_world 类的对象，Agent 类的 provide()方法提供了自己所创建的 Outside_world 类的实例。

```
class Agent{
  private Outside_world ow = new Outside_world ();
  public Outside_world provide(){
    return ow;
  }
}
```

Star 类具有一个方法 operation1()，这个方法的参数是 Agent 类的对象，代表明星的 Star 类和代表明星经纪人的 Agent 类直接发生相互作用。

```
class Star{
  public void operation1(Agent agent){
    Outside_world ow = agent.provide();
    ow.operation2();
  }
}
class Outside_world {
  public void operation2(){
    //……
  }
}
```

注意,这里的 Star 类的方法 operation1()不满足迪米特法则。因为这个方法引用了 Outside_world

类的对象，而代表明星的 Star 类是不应该与代表外界的 Outside_world 类直接发生相互作用的。

3. 使用迪米特法则进行改造

可以使用迪米特法则对上面的例子进行改造，使代表明星的 Star 类是不与代表外界的 Outside_world 类直接发生相互作用。改造的做法就是调用转发，Star 类不需知道 Outside_world 类的存在就可以做同样的事情。

```
class Star{
  public void operation1(Agent agent){
    agent.forward();
  }
}
```

Star 类通过调用 Agent 类的 forward()方法，做到了原来需要 Star 类调用 Outside_world 类的对象才能够做到的事情。

```
class Agent{
  private Outside_world ow=new Outside_world();
  public void forward(){
    ow.operation2();
  }
}
```

Agent 类的 forward()方法所做的就是以前 Star 类要做的事，使用了 Outside_world 类的 operation2()方法，而这种 forward()方法就叫做转发方法。

由于使用了调用转发，使得调用的具体细节被隐藏在 Agent 类的内部，从而使 Star 类与 Outside_world 类之间的直接联系被省略掉了。这样一来，使得系统内部的耦合度降低。在系统的某一个类需要修改时，仅仅会影响到这个类的直接相关类，而不会影响到其余部分。

9.7 接口隔离原则

9.7.1 概念

接口隔离原则（Interface Segregation Principle，ISP）是指使用多个专门的接口比使用单一的总接口要好。从客户类的角度看，接口隔离原则是指一个类对另外一个类的依赖性应当是建立在最小的接口上的。

接口通常指一个类所提供的所有方法的特征集合，这是一种在逻辑上才存在的概念。这样，接口的划分就直接带来类型的划分。如果把一个接口看成电影中的一种角色，接口的实现就可以看成这个角色由哪一个演员来演。因此，一个接口应当只代表一个角色，而不能代表多个角色。如果有多个角色，那么每一个角色都应当由一个特定的接口代表。这种角色划分的原则称做角色隔离原则。

另外，可以将接口狭义地理解为 Java 语言中的接口类型 Interface，例如 java.lang.Runnable 就是一个 Java 接口。这样，接口隔离原则就是指针对不同的客户端，为同一个角色提供宽、窄不同的接口。这可以称做定制服务（Customized Service）。例如，如果对于角色 Service，三个不同的客户端需要不同的服务，系统应该针对三个客户端分别提供了三个不同的 Java 接口——IServicel、IService2 和 IService3。每一个 Java 接口都仅仅提供对应的客户端需要的行为，而客户端不需要的行为没有放到接口中。这是适配器模式的应用。

总之，应当将多个不同的角色交给不同的接口，而不应当都交给同一个接口。不要将一些看上去差不多的甚至是没有关系的接口合并，这样会形成过于臃肿的大接口，称为接口的污染。所以，准确而恰当地划分角色以及角色所对应的接口，是面向对象的设计的一个重要的组成部分。

迪米特法则要求任何一个软件实体尽量不要与外界通信，即使必须进行通信也应当尽量限制通信的广度和深度。显然，接口隔离原则不向客户端提供不需要提供的行为，是符合迪米特法则的。

9.7.2 实例

以网站搜索引擎的系统设计为例，网站将大量资料存储在文件中或关系数据库中，用户输入关键词可以进行搜索。搜索引擎需要一个索引文件，当源数据修改、删除或增加时，搜索引擎会保证索引文件也被相应地更新。

搜索引擎具有搜索器角色、索引生成器角色、搜索结果集角色三个角色。正确的做法是设计三个接口，分别对应三个不同的角色。

设计 Searcher 接口，对应搜索器角色。该接口提供用户全文搜索功能，用户输入关键字，返回一个搜索结果集对象。

```
interface Searcher{
  void search(String[] keyword);
  void getResultset();
}
```

设计 Indexer 接口，对应索引生成器角色。该接口针对文件类型的数据和关系数据库的数据生成全文索引，并可以更新索引。

```
interface Indexer{
  void reIndexAll();
  void updateIndex();
}
```

设计 ResultSet 接口，对应搜索结果集角色，该接口可给用户提供访问结果集合的内容。

```
interface ResultSet{
  void first();            //将光标移到集合的第一个元素
  void last();             //将光标移到集合的最后一个元素
  void next();             //将光标移到集合的下一个元素
  void previous();         //将光标移到集合的前一个元素
  String getExcerpt();     //返回当前记录的摘要
  String getFullRecord();  //将记录的全文返回
}
```

如果设计一个接口负责所有的操作，提供搜索、建立索引和搜索结果集合的功能都在一个接口内提供，这就违反了角色分割原则。原因是不同功能的接口放在一起，一个接口包含了搜索器角色、索引生成器角色以及搜索结果集角色多种角色。

```
interface BadInerface{
  void search(String[] keyword);
  void getResultset();
  void reIndexAll();
  void updateIndex();
  void first();
```

```
    void last();
    void next();
    void previous();
    String getExcerpt();
    String getFullRecord();
}
```

9.8　单一职责原则

单一职责原则（Single Responsibility Principle，SRP）表示功能要单一。就一个类而言，应该仅有一个引起它变化的原因。

编程时有时会给一个类加各种各样的功能。比如写一个窗体应用程序，会把各种各样的代码（算法，数据库访问的 SQL 语句）都写到窗体类中。这样，无论有任何需求，都要更改这个窗体类，可维护性和可复用性都不好。

如果一个类承担的职责过多，就等于把这些职责耦合在一起，一个职责的变化可能会削弱或者抑制这个类完成其他职责的能力。当变化发生时，设计会遭到破坏。所以，要发现职责并把职责相互分离。

对于前面的计算器的例子中，运用单一职责原则，把计算和显示分开，也就是让业务逻辑与界面逻辑分开，这样它们之间的耦合度就下降了，就易于维护或扩展。

第 10 章 设 计 模 式

学习目标
- 理解设计模式的基本概念
- 掌握主要的创建型设计模式
- 掌握主要的结构型设计模式
- 掌握主要的行为型设计模式

设计模式由 Erich Gamma、Richard Helm、Ralph Johnson 和 John Vlissides 四人组（Gang of Four，GoF）在 20 世纪 90 年代从建筑设计领域引入到软件设计领域，他们写出了该领域的开创性著作 *Design Patterns: Elements of Reusable Object-Oriented Software*——《设计模式：可复用面向对象软件的基础》，归纳出了 23 个软件设计模式。设计模式描述了软件设计中普遍存在、重复出现的若干问题的解决方案，是从许多优秀的软件系统中总结出的成功的可复用的设计方案。设计模式可以帮助软件设计人员学习、重用前人的经验和成果。

10.1 概   述

人们在自己的环境中不断发现问题和寻找问题的解决方案时，发现有一些问题及其解决方案不断变换面孔重复出现，但在这些不同的面孔后面有着共同的本质，这些共同的本质就是模式。

模式所描述的问题及问题的答案都应当是具有代表性的问题和问题的答案。所谓具有代表性，就是说它以不同的形式重复出现，允许使用者举一反三，将它应用到不同的环境中去。

模式不断地被应用到软件工程的开发组织、软件处理、项目配置管理等各个方面，但至今得到了最深研究的仍是设计模式和代码模式。

设计模式主要分为创建型模式、结构型模式和行为型模式三种。

创建型模式（Creational Pattern），就是用来创建对象的模式，是对类实例化过程的抽象化。一些系统在创建对象时，需要动态地决定怎样创建对象，创建哪些对象，以及如何组合和表示这些对象，创建模式描述了怎样构造和封装这些动态的决定。创建模式将对象的创建、组合、表示独立于系统，系统可以得到很大的灵活性：创建对象，创建者，创建方式，创建时间，都可以被自由配置。

结构型模式（Structural Pattern）描述如何将类或者对象结合在一起形成更大的结构。

行为型模式（Behavioral Pattern）是对在不同的对象之间划分责任和算法的抽象化。描述类或对象之间如何交互以及如何分配职责，它所牵涉的不仅是类或对象，还有它们之间的通信模式。

10.2　创建型模式

创建型模式分为类的创建模式和对象的创建模式两种。类的创建模式使用继承改变被实例化的类；使用继承关系，把类的创建延迟到子类，从而封装了客户端得到的具体类的信息，并隐藏了这些类的实例是如何被创建和放在一起的。类的创建模式包括工厂方法模式。对象的创建模式把对象的创建过程动态地委派给另一个对象；可以动态地决定客户端得到哪些具体类的实例，以及这些类的实例是如何被创建和组合在一起的。对象的创建型模式包括抽象工厂模式、单例模式、建造模式、原始模型模式。

10.2.1　简单工厂模式

工厂模式专门负责将大量有共同接口的类实例化。工厂模式可以动态决定将哪一个类实例化，不必事先知道每次要实例化哪一个类。工厂模式包括简单工厂（Simple Factory）模式、工厂方法（Factory Method）模式和抽象工厂（Abstract Factory）模式几种形态。

1．简单工厂模式概述

简单工厂模式又称静态工厂方法（StaticFactory Method）模式，不属于 23 种 GOF 设计模式之一。简单工厂模式是由一个工厂对象决定创建出哪一种产品类的实例。简单工厂模式是工厂模式家族中最简单实用的模式，可以理解为是不同工厂模式的一个特殊实现。

2．结构与角色

简单工厂模式的实质是由一个工厂类根据传入的参数，动态决定应该创建哪一个产品类的实例，这些产品类继承自一个父类或接口。其类图如图 10-1 所示。

图 10-1　简单工厂模式简略类图

Factory：工厂。简单工厂模式的核心，负责实现创建所有实例的内部逻辑。工厂类可以被外界直接调用，创建所需的产品对象。

Product：抽象产品。简单工厂模式所创建的所有对象的父类型，它负责描述所有实例所共有的公共接口。

Concrete Product：具体产品。简单工厂模式的创建目标，所有创建的对象都是充当这个角色的某个具体类的实例。

3．示意源代码

```
interface Product {
}
class ConcreteProduct1 implements Product {
```

```
    public ConcreteProduct1(){
      System.out.println("ConcreteProduct1");//复杂的商业逻辑
    }
  }
  class ConcreteProduct2 implements Product {
    public ConcreteProduct2(){
      System.out.println("ConcreteProduct2");//复杂的商业逻辑
    }
  }
  class Factory {
    public static Product factory(String product) {
      if(product.equals("p1"))
        return new ConcreteProduct1();
      else if(product.equals("p2"))
        return new ConcreteProduct2();
      else
        throw new RuntimeException("没有此产品！");
    }
  }

  class Client{
    public static void main(String args[]) {
      Product product1, product2;
      product1 = Factory.factory("p1");
      product2 = Factory.factory("p2");
    }
  }
```

程序执行结果如下：

```
ConcreteProduct1
ConcreteProduct2
```

4. 开-闭原则

功能的扩展体现在引进新的产品上，开-闭原则要求新的产品加入系统时，无需对现有代码进行修改。在简单工厂模式中，这点对于产品角色是成立的，而对于工厂角色是不成立的。产品角色无需修改就可接纳新的产品。但对于工厂角色来说，增加新产品要修改源程序；工厂角色必须知道每一种产品，如何创建它们，以及何时向客户端提供它们。所以，简单工厂角色只在有限的程度上支持开-闭原则。

10.2.2 工厂方法模式

1. 概述

工厂方法模式又称虚拟构造器（Virtual Constructor）模式或者多态工厂（Polymorphic Factory）模式。简单工厂模式的致命缺点就是处于核心地位的工厂类，工厂方法模式解决了这一问题。在工厂方法模式中，核心工厂类不再负责所有产品的创建，而是将具体创建的工作交给子类去做，成为一个抽象工厂角色，仅负责给出具体工厂类必须实现的接口，而不接触哪一个产品类应当被实例化这种细节。工厂方法模式完全符合开-闭原则。

2. 结构与角色

Factory：抽象工厂。工厂方法模式的核心，声明工厂方法（FactoryMethod），返回一个产品。任何在模式中创建对象的工厂类必须实现这个接口。

Concrete Factory：具体工厂。实现抽象工厂接口的具体 Java 类，实现了工厂方法，含有与应用密切相关的逻辑，由客户调用返回一个产品实例。

Product：抽象产品，定义产品接口。工厂方法模式所创建的对象的父类型，产品对象共同拥有的接口。

Concrete Product：具体产品。实现抽象产品角色接口的类，工厂方法模式所创建的每一个对象都是某个具体产品角色的实例。

工厂方法模式的简略类图如图 10-2 所示。

图 10-2 工厂方法模式简略类图

3. 示意源代码

```
interface Factory{    //抽象工厂角色
  public Product factory();  //工厂方法，所有的具体工厂角色都实现这个工厂方法
}
class ConcreteFactory1 implements Factory {  //具体工厂角色 ConcreteFactory1
  public Product factory(){  //实现了抽象工厂角色 Creator 所声明的工厂方法
    return new ConcreteProduct1();
  }
}
class ConcreteFactory2 implements Factory {  //具体工厂角色 ConcreteFactory2
  public Product factory(){  //实现了抽象工厂角色 Creator 所声明的工厂方法
    return new ConcreteProduct2();
  }
}

interface Product{     //抽象产品角色，为具体产品角色提供一个共同的类型
}
class ConcreteProduct1 implements Product{//向客户端提供具体产品 CocnreteProduct1
  public ConcreteProduct1(){
    System.out.println("ConcreteProduct1");//复杂的商业逻辑
  }
}
class ConcreteProduct2 implements Product{//向客户端提供具体产品 CocnreteProduct2
  public ConcreteProduct2(){
```

```
      System.out.println("ConcreteProduct2");//复杂的商业逻辑
    }
  }

class Client{  //客户端角色
  public static void main(String[] args){
    Factory factory1, factory2;
    Product product1, product2;
    factory1=new ConcreteFactory1();
    product1=factory1.factory();
    factory2=new ConcreteFactory2();
    product2=factory2.factory();
  }
}
```

程序执行结果如下：

```
ConcreteProduct1
ConcreteProduct2
```

10.2.3 抽象工厂模式

1. 概述

抽象工厂模式又称 Kit 模式，它提供一个创建一系列相关或相互依赖对象的接口，而无需指定它们的具体的类。抽象工厂模式与工厂方法模式最大的区别在于：工厂方法模式针对的是一个产品的等级结构，而抽象工厂模式则针对多个产品的等级结构。

2. 结构

抽象工厂模式的简略类图如图 10-3 所示。

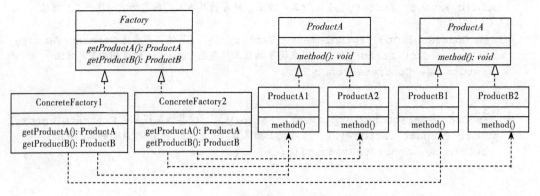

图 10-3 抽象工厂模式简略类图

AbstractFactory：抽象工厂。声明生成抽象产品的方法。

ConcreteFactory：具体工厂。定义生成抽象产品的具体方法，生成一个具体的产品。

AbstractProduct：抽象产品。为一种产品声明接口。

Product：具体产品。定义具体工厂生成的具体产品对象，实现抽象产品接口。

3. 示意源代码

```
interface ProductA{                          //定义不同的产品之间一定具备的标准
  public void method();                      //提取出不同产品的共性
```

```
}
class ProductA1 implements ProductA{  //实现了产品标准实现的一系列具体产品
  public void method() {
    System.out.println("工厂 1 生产 ProductA1 …");
  }
}
class ProductA2 implements ProductA{
  public void method() {
    System.out.println("工厂 2 生产 ProductA2 …");
  }
}


interface ProductB{
  public void method();
}
class ProductB1 implements ProductB{
  public void method() {
    System.out.println("工厂 1 生产 ProductB1 …");
  }
}
class ProductB2 implements ProductB{
  public void method() {
    System.out.println("工厂 2 生产 ProductB2 …");
  }
}

interface Factory{
  ProductA getProductA();
  ProductB getProductB();
}
class ConcreteFactory1 implements Factory{ //具体的工厂用来生产相关的产品
  public ProductA getProductA() {
    return new ProductA1();
  }
  public ProductB getProductB() {
    return new ProductB1();
  }
}
class ConcreteFactory2 implements Factory{
  public ProductA getProductA() {
    return new ProductA2();
  }
  public ProductB getProductB() {
    return new ProductB2();
  }
}

public class Client {
  public static void main(String[] args) {
    Factory factory1 = new ConcreteFactory1();  //工厂 1 负责生产产品 A1、B1
```

```
            ProductA productA1 = factory1.getProductA();
            ProductB productB1 = factory1.getProductB();
            productA1.method();
            productB1.method();

            Factory factory2=new ConcreteFactory2();  //工厂2负责生产产品A2、B2
            ProductA productA2=factory2.getProductA();
            ProductB productB2=factory2.getProductB();
            productA2.method();
            productB2.method();
        }
    }
```

程序执行结果如下：

工厂1 生产 ProductA1 ...
工厂1 生产 ProductB1 ...
工厂2 生产 ProductA2 ...
工厂2 生产 ProductB2 ...

10.2.4 建造者模式

1. 概述

建造者（Builder）模式将一个复杂对象的构建与它的表示分离，使得同样的构建过程可以创建不同的表示。

在软件系统中，有时候面临一个"复杂对象"的创建工作，它通常由各个部分的子对象用一定算法构成；由于需求的变化，这个复杂对象的各个部分经常面临着剧烈的变化，但是将它们组合到一起的算法却相对稳定。建造者模式提供一种"封装机制"来隔离出"复杂对象的各个部分"的变化，从而保持系统中的"稳定构建算法"不随需求的改变而改变。

建造者模式的简略类图如图 10-4 所示。

图 10-4　建造者模式简略类图

2. 结构

Builder：抽象建造者。为创建一个 Product 对象各个部件指定的抽象接口。

ConcreteBuilder：具体建造者。实现抽象建造者 Builder，构建和装配产品的各个部件。做具体建造工作，但却不为客户端所知。

Product：产品，被构建的复杂对象。具体建造者创建该产品的内部表示并定义它的装配过程。

包含定义组成部件的类，包括将这些部件装配成最终的产品的接口。

Director：指挥者。构建一个使用抽象建造者 Builder 的对象。它与客户端打交道，将客户端创建产品的请求划分为对各个零件的建造请求，再将这些请求委派给 ConcreteBuilder。

3．示意源代码

```
interface Builder {//抽象建造者
  void buildPart1();          //产品零件建造方法
  void buildPart2();          //产品零件建造方法
  Product retrieveResult(); //产品返还方法
}
class ConcreteBuilder implements Builder {      //具体建造者，与应用系统商业逻辑相关
  private Product product=new Product();
  public void buildPart1() {                    //产品零件建造方法1
    product.setPart1("编号: 201205");       //应用系统的商业逻辑，构建产品第1个零件
  }
  public void buildPart2() {                    //产品零件建造方法2
    product.setPart2("名称: software design"); //构建产品的第2个零件
  }
  public Product retrieveResult() {      //产品返还方法
    return product;
  }
}

class Director {                          //指挥者
  private Builder builder;                //持有当前需要使用的建造器对象
  public Director(Builder builder){       //构造方法，传入建造器对象builder
    this.builder = builder;
  }
  //建造方法construct()负责调用ConcreteBuilder对象的零件建造方法
  public void construct(){                //产品构造方法，负责调用各个零件建造方法
    builder.buildPart1(); //调用ConcreteBuilder对象的零件建造方法buildPart1()
    builder.buildPart2(); //调用ConcreteBuilder对象的零件建造方法buildPart2()
  }
}
class Product {          //产品类，定义一些关于产品的操作
  private String part1;
  private String part2;
  public String getPart1() {
    return part1;
  }
  public void setPart1(String part1) {
    this.part1=part1;
  }
  public String getPart2() {
    return part2;
  }
  public void setPart2(String part2) {
    this.part2=part2;
  }
}
```

```
class Client {//客户端
  public static void main(String[]args){
    Builder builder=new ConcreteBuilder();
    Director director=new Director(builder);
    director.construct();
    Product product=builder.retrieveResult();
    System.out.println(product.getPart1());
    System.out.println(product.getPart2());
  }
}
```

程序执行结果如下：

编号: 201205
名称: software design

10.2.5 原型模式

1. 概述

原型（Prototype）模式通过给出一个原型对象来指明所要创建的对象的类型，然后用复制这个原型对象的办法创建出更多同类型的新的对象。其实就是从一个对象再创建另一个可定制的对象，而且不需要知道任何创建的细节，核心是克隆自身。

2. 结构

原型模式的简略类图如图 10-5 所示。

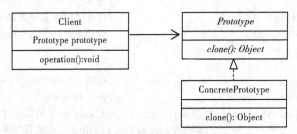

图 10-5 原型模式简略类图

Prototype：抽象原型，给出所有的具体原型类所需的接口，定义克隆自己的方法。

ConcretePrototype：具体原型，被复制的对象。实现抽象原型接口，实现具体克隆方法。

Client：客户。提出创建对象的请求，通过克隆生成一个新的对象。

3. 示意源代码

```
interface Prototype extends Cloneable{  //抽象原型，声明了一个clone()克隆方法
  public Object clone();
}
class ConcretePrototype implements Prototype{  //具体原型，实现了clone()克隆方法
  public Object clone(){
    try{
      return super.clone();
    }catch(CloneNotSupportedException e){
      return null;
    }
  }
```

```
}
class Client{ //客户端
 private Prototype prototype;
 public void operation(Prototype example){
  prototype=(Prototype)example.clone();
 }
 public static void main(String[] args){
  Prototype p=new ConcretePrototype();
  Client c=new Client();
  c.operation(p);
 }
}
```

10.2.6　单例模式

1．概述

单例（Singleton）模式确保某个类只有一个实例，而且自行实例化并向整个系统提供这个实例，提供一个访问它的全局访问点。核心是创建私有的构造函数。可拓展到有限个实例。

2．结构

单例模式的简略类图如图 10-6 所示。

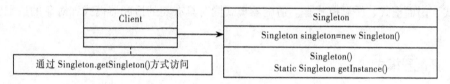

图 10-6　单例模式简略类图

3．示意源代码

```
class Singleton {
 private static final Singleton singleton = new Singleton();
 private Singleton(){ //限制产生多个对象
  System.out.println("已产生对象实例");
 }
 public static Singleton getInstance(){ //通过该方法获得实例对象
  return singleton;
 }
 public static void operation(){ //类中其他方法，尽量使用 static 的方法
 }
}
```

Singleton 类称为单例类，通过使用 private 的构造函数，确保了在一个应用中只产生一个实例，并且是自行实例化的（在 Singleton 中自己使用 new Singleton()）。

```
public class Client {
 public static void main(String[] args){
  System.out.println("Start.");
  Singleton obj1=Singleton.getInstance();
  Singleton obj2=Singleton.getInstance();
  if(obj1==obj2){
   System.out.println("obj1 和 obj2 是同一对象实例");
```

```
    } else {
      System.out.println("obj1 和 obj2 并非同一对象实例");
    }
    System.out.println("End.");
  }
}
```

Client 类利用 Singleton 类的 getInstance()方法来取得 Singleton 的对象实例。该方法被调用两次，返回值分别是 obj1 和 obj2。利用 if(obj1==obj2)可检查所取得的对象实例是否相同。

程序执行结果如下：

```
Start.
已产生对象实例
obj1 和 obj2 是同一对象实例
End.
```

10.3　结构型模式

结构模式可以分为类的结构模式和对象的结构模式两种。类的结构模式使用继承把类、接口等组合在一起，以形成更大的结构，包括适配器模式。对象的结构模式描述怎样把各种不同类型的对象组合在一起，以实现新的功能的方法，包括适配器模式、合成模式、装饰模式、代理模式、享元模式、门面模式、桥梁模式是。适配器模式同时具有类的适配器模式和对象的适配器模式两种形式。

10.3.1　适配器模式

1．概述

适配器（Adapter）模式又称为转换器模式、变压器模式、包装模式。适配器模式把一个类的接口变换成客户端所期待的另一种接口，从而使原本因接口不匹配而无法一起工作的两个类能够一起工作。该模式的目标是通过一个代理（Adapter），在原来的类（Adaptee）和客户（Client）之间进行协调，从而达到兼容的目的。其核心是解决一致性的问题。

2．结构

适配器模式的简略类图如图 10-7 所示。

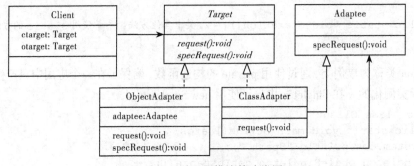

图 10-7　适配器模式简略类图

Target：目标抽象类，定义客户要用的特定领域的接口。

Adaptee：适配者，需要适配的接口。

Adapter：适配器，把源接口转换成目标接口，分为类适配器和对象适配器。

3. 示意源代码

```
interface Target {
  public void request();
  public void specRequest();
}
class Adaptee {  //适配者
  public void specRequest() {
    System.out.println("this is specRequest.");
  }
}
class ClassAdapter extends Adaptee implements Target {  //类适配器
  public void request() {
    System.out.println("this is request in ClassAdapter");
  }
}
class ObjectAdapter implements Target {  //对象适配器
  private Adaptee adaptee=new Adaptee();
  public void request(){
    System.out.println("this is request in ObjectAdapter");
  }
  public void specRequest(){
    adaptee.specRequest();
  }
}

class Client {
  private static Target ctarget=new ClassAdapter();
  private static Target otarget=new ObjectAdapter();
  public static void main(String args[]){
    ctarget.request();
    ctarget.specRequest();

    otarget.request();
    otarget.specRequest();
  }
}
```

程序执行结果如下：

```
this is request in ClassAdapter
this is specRequest.
this is request in ObjectAdapter
this is specRequest.
```

10.3.2　桥接模式

1. 概述

桥接（Bridge）模式将抽象部分与实现部分脱耦，使两部分可以独立的变化。抽象类和实现类之间使用组合/聚合关系而不是继承关系，设计更有扩展性，客户端调用时不用知道实现细节；

并减少了子类。

ConcreteImplementor：具体实现化角色。具体实现类，给出 Implementor 的具体实现。

桥接模式简略类图如图 10-8 所示。

图 10-8   桥接模式简略类图

2. 结构

Abstraction：抽象化角色。抽象类，维护一个 Implementor 的对象。

RefinedAbstraction：修正抽象化角色。扩充的抽象类，扩充由 Abstraction 定义的接口。

Implementor：实现化角色。定义实现类的接口，这个接口不一定要与 Abstraction 完全一致。一般 Implementor 提供基本操作，Abstraction 可能会做更多更复杂的操作。

3. 示意源代码

```
abstract class Abstraction{  //抽象化角色
  protected Implementor imp;
  public void setImplementor(Implementor imp){
    this.imp=imp;
  }
  public abstract void operation();    //某个商业方法
}
class RefinedAbstraction extends Abstraction{  //修正抽象化角色
  public void operation(){    //某个商业方法在修正抽象化角色的实现
    this.imp.operationImp();
  }
  public void otherOperation(){
    //实现一定的功能。但是更大的可能是使用 Abstraction 中定义的方法
    //通过组合使用 Abstraction 中定义的方法来完成更多的功能
  }
}

interface Implementor{    //实现化角色
  void operationImp();    //某个商业方法的实现化声明
}
class ConcreteImplementorA implements Implementor{  //具体实现化角色
  public void operationImp(){  //某个商业方法的实现化实现
    System.out.println("Do something A …");
  }
}
class ConcreteImplementorB implements Implementor{  //具体实现化角色
  public void operationImp(){  //某个商业方法的实现化实现
```

```
      System.out.println("Do something B …");
   }
}

class Client{
  public static void main(String[] args ){
    Abstraction abstraction=new RefinedAbstraction();
    Implementor cia=new ConcreteImplementorA();  //设置实现并调用
    abstraction.setImplementor(cia);
    abstraction.operation();
    Implementor cib = new ConcreteImplementorB();  //改变实现并调用
    abstraction.setImplementor(cib);
    abstraction.operation();
  }
}
```

程序执行结果如下：

```
Do something A ...
Do something B ...
```

10.3.3 装饰模式

1．概述

装饰（Decorator）模式又名包装（Wrapper）模式。装饰模式以对客户透明的方式给一个对象动态的添加一些额外的职责，客户端并不会觉得对象在装饰前和装饰后有什么不同。装饰模式是继承关系的一个替代方案，可以在不使用创造更多子类的情况下，将对象的功能加以扩展；与生成子类相比，它更具有灵活性。

2．结构

装饰模式的简略类图如图 10-9 所示。

图 10-9 装饰模式简略类图

Component：抽象组件，规范准备接收附加责任的对象。具体组件和装饰的公共父类型。

Concrete Component：具体组件，定义一个将要接收附加责任的类。可以通过给它添加装饰来增加新的功能。

Decorator：装饰类，是所有装饰的公共父类，它定义了所有装饰必须实现的方法。同时，它还保存了一个对于 Component 的引用，以便将用户的请求转发给 Component，并可能在转发请求前后执行一些附加的动作。

　　Concrete Decorator：具体装饰类。负责给组件对象增加具体的附加责任。

3. 示意源代码

```
interface Component{                    //抽象组件接口
  void operation();                     //功能方法
}
class ConcreteComponent implements Component{          //具体组件类
  public ConcreteComponent(){    //构造函数
  }
  public void operation(){        //功能方法
    System.out.println("Hello in ConcreteComponent");   // 功能逻辑
  }
}
class Decorator implements Component {       //装饰类，实现了 Component 接口
  private Component component;  //私有的属性 component，其数据类型是 Component
  public Decorator(){                      //构造函数
  }
  public Decorator(Component component) {    //构造函数
    this.component=component;
  }
  public void operation(){          //功能方法，委派给组件
    component.operation();
  }
}
class ConcreteDecorator extends Decorator{
  public ConcreteDecorator(){}
  public ConcreteDecorator(Component component) {
    super(component);
  }
  public void operation(){
    super.operation();
    this.addedOperation();
  }
  public void addedOperation(){
    System.out.println("Hello in ConcreteDecorator"); // 附加的功能逻辑
  }
}

class Client{
  public static void main(String[] args){
    Component component=new ConcreteComponent();
    Decorator decorator=new ConcreteDecorator(component);
    decorator.operation();    //客户端不变，但已增加了责任
  }
```

```
}
```
程序的执行结果如下：
```
Hello in ConcreteComponent
Hello in ConcreteDecorator
```

10.3.4　组合模式

1．概述

组合模式（Composite Pattern）也称合成模式、部分-整体模式（Part-Whole），主要是用来描述部分与整体的关系。组合模式将对象组合成树形结构以表示"部分-整体"的层次结构，可以使客户端把一个个单独的成分对象和由它们复合而成的组合对象同等看待。

2．结构

组合模式的简略类图如图 10-10 所示。

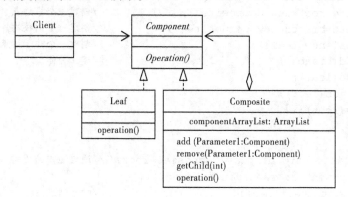

图 10-10　组合模式简略类图

Component：抽象构件。定义参加组合对象的共有方法和属性。

Leaf：叶子构件。在组合中表示叶结点对象，其下没有其他的分支，是遍历的最小单位。

Composite：树枝构件，组合类。组合树枝结点和叶子结点形成一个树形结构。

3．示意源代码

```
interface Component {    //抽象构件
  void operation();       //个体和整体都具有的共享
}

import java.util.ArrayList;
class Composite implements Component {         //树枝构件
  //构件容器
  private ArrayList<Component> componentArrayList = new ArrayList<Component>();
  public void add(Component component){          //增加一个叶子构件或树枝构件
    this.componentArrayList.add(component);
  }
  public void remove(Component component){     //删除一个叶子构件或树枝构件
    this.componentArrayList.remove(component);
  }
  public ArrayList<Component> getChildren(){  //获得分支下所有叶子构件和树枝构件
    return this.componentArrayList;
```

```
    }
    public void operation() {
      for(Component component: componentArrayList){
        component.operation();
      }
    }
  }
  class Leaf implements Component { //叶结点，没有子下级对象，参加组合的原始对象
    public void operation(){          //可以覆写父类方法
      System.out.println("Hello in Leaf");
    }
  }
  //客户端，通过Component接口控制组合部件的对象
  class Client { //负责树状结构的建立，并可以通过递归方式遍历整个树
    public static void main(String[] args) {
      Composite root=new Composite();              //创建一个根结点
      Composite branch=new Composite();            //创建一个树枝构件
      Leaf leaf=new Leaf();                        //创建一个叶子结点
      root.add(branch);                            //建立整体
      root.add(leaf);
      branch.add(leaf);
      display(root);
    }

    public static void display(Composite root){ //通过递归遍历树
      for(Component c: root.getChildren()){
        if(c instanceof Leaf){                   //叶子结点
          c.operation();
        }else{                                   //树枝结点
          display((Composite)c);
        }
      }
    }
  }
```

程序的执行结果如下：

```
Hello in Leaf
Hello in Leaf
```

10.3.5 外观模式

1. 概述

外观（Facade）模式提供一个统一的接口去访问多个子系统的多个不同的接口。定义了一个高层次的接口，使得子系统更容易被使用。

外观模式提供了一个简单而且公用的接口去处理复杂的子系统，并且没有减少子系统的功能。它遮蔽了子系统的复杂性，避免了客户与子系统直接连接，它减少了子系统与子系统间的连接，每个子系统都有它的Facade模式，每个子系统采用Facade模式去访问其他子系统。外观模式的缺点是限制了客户的自由，减少了可变性。

2. 结构

外观模式的简略类图如图 10-11 所示。

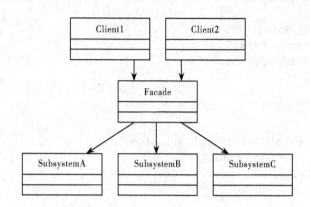

图 10-11　外观模式简略类图

Facade：外观类。知道哪些子系统负责处理哪些请求，将客户的请求传递给相应的子系统对象处理。

Subsystem：子系统类。实现子系统的功能，处理由 Facade 传来的任务。

Clients：调用者。通过 Facade 接口调用提供某功能的内部类群。

3. 示意源代码

```
class SystemA {                  // A 子系统
  public void operation() {      // A 子系统实现功能
    System.out.println("实现 A 子系统功能");
  }
}
class SystemB {                  // B 子系统
  public void operation() {      // B 子系统实现功能
    System.out.println("实现 B 子系统功能");
  }
}
class SystemC {                  // C 子系统
  public void operation() {      // C 子系统实现功能
    System.out.println("实现 C 子系统功能");
  }
}

class Facade {
  private SystemA systemA;
  private SystemB systemB;
  private SystemC systemC;
  public Facade() {
    systemA=new SystemA();
    systemB=new SystemB();
    systemC=new SystemC();
  }
    public void doABC() {
```

```
        this.systemA.operation();
        this.systemB.operation();
        this.systemC.operation();
    }
     public void doAB() {
        this.systemA.operation();
        this.systemB.operation();
    }
}

class Client1 {
  public static void main(String[] args) {
     Facade facade=new Facade();
     facade.doABC();
  }
}
class Client2 {
  public static void main(String[] args) {
     Facade facade = new Facade();
     facade.doAB();
  }
}
```

执行 Client1 的结果如下：

实现 A 子系统功能

实现 B 子系统功能

实现 C 子系统功能

执行 Client2 的结果如下：

实现 A 子系统功能

实现 B 子系统功能

10.3.6 享元模式

1．概述

享元（Flyweight）模式以共享的方式高效支持大量的细粒度对象，大幅度地降低内存中对象的数量。也就是说在一个系统中如果有多个相同的对象，那么只共享一份即可，不必每个都去实例化一个对象。

享元模式能做到共享的关键是区分内部状态和外部状态。内部状态就是共性，存储在享元内部，不会随环境的改变而有所不同，是可以共享的；外部状态是个性，是不可以共享的，它随环境的改变而改变，由客户端来保持（因为环境的变化是由客户端引起的）。

在享元模式中，由于要产生各种各样的对象，所以在享元模式中常出现工厂模式。

享元模式分为单纯享元模式和复合享元模式两种，这里讲述单纯享元模式。

2．单纯享元模式的结构

享元模式的简略类图如图 10-12 所示。

Flyweight：抽象享元，所有的具体享元类的父类型，规定这些类需要实现的公共接口。需要外部状态的操作可以通过调用商业方法以参数形式传入。

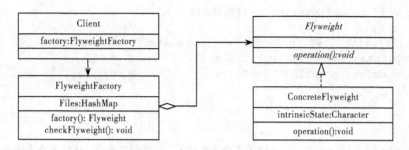

图 10-12 享元模式简略类图

ConcreteFlyweight：具体享元，实现抽象享元角色所规定的接口。负责为内部状态提供存储空间；享元对象的内部状态必须与对象所处的周围环境无关，从而使得享元对象可以在系统内共享。

FlyweightFactory：享元工厂，负责创建和管理享元，保证享元对象可以被系统适当地共享。当一个客户端对象调用一个享元对象时，享元工厂会检查系统中是否已经有一个符合要求的享元对象。如果已有，享元工厂角色就应当提供这个已有的享元对象；如果系统中没有一个适当的享元对象，享元工厂角色就应当创建一个合适的享元对象。

3．示意性源代码

```
abstract class Flyweight{                          //抽象享元
  abstract public void operation(String state);    //参数 state 是外部状态
}
class ConcreteFlyweight extends Flyweight{          //具体享元类
  private Character intrinsicState=null;
  public ConcreteFlyweight(Character state){        //构造子，内部状态作为参数传入
    this.intrinsicState=state;
  }
  //外部状态作为参量传入方法中，改变方法的行为，但是并不改变对象的内部状态
  public void operation(String state){//实现了抽象享元接口的方法，state 是外部状态
    System.out.println("An Intrinsic State="+intrinsicState+" Extrinsic State
    ="+state);
  }
}


import java.util.Map;
import java.util.HashMap;
import java.util.Iterator;
class FlyweightFactory{
  private HashMap flies=new HashMap();
  public FlyweightFactory(){}                       //默认构造函数
  public Flyweight factory(Character state){ //构造函数，内部状态作为参量传入
    if(flies.containsKey(state)){
      return (Flyweight)flies.get(state);
    }else{
      Flyweight fly=new ConcreteFlyweight(state);
      flies.put(state, fly);
      return fly;
    }
  }
```

```
public void checkFlyweight(){//辅助方法
    int i=0;
    for(Iterator it=flies.entrySet().iterator();it.hasNext();){
      Map.Entry e=(Map.Entry)it.next();
      System.out.println("Item"+(++i)+": "+e.getKey());
    }
  }
}

public class Client {  //申请了三个享元对象，实际创建两个，这就是共享的含义
  public static void main(String[] args) {
    FlyweightFactory flyfactory=new FlyweightFactory(); //创建一个享元工厂对象
    Flyweight fly=flyfactory.factory(new Character('a'));//请求内部状态为'a'的
                                                  //享元对象
    fly.operation("First Call"); //以参量方式传入一个外部状态
    fly=flyfactory.factory(new Character('b')); //请求一个内部状态为'b'的享元对象
    fly.operation("Second Call"); //以参量方式传入一个外部状态
    fly=flyfactory.factory(new Character('a')); //再请求一个内部状态为'a'的享元对象
    fly.operation("Third Call"); //以参量方式传入一个外部状态
    flyfactory.checkFlyweight();//打印出所有的独立的享元对象，本例为'a'和'b'两个
  }
}
```
程序的执行结果如下：
```
An Intrinsic State=a Extrinsic State=First Call
An Intrinsic State=b Extrinsic State=Second Call
An Intrinsic State=a Extrinsic State=Third Call
Item1: b
Item2: a
```

10.3.7　代理模式

1. 概述

代理就是一个人或一个机构代表另一个人或者一个机构采取行动。代理（Proxy）模式给某一个对象提供一个代理对象，并由代理对象控制对原对象的引用。某些情况下，客户不想或者不能够直接引用一个对象，代理对象可以在客户和目标对象直接起到中介的作用。客户端分辨不出代理主题对象与真实主题对象。

2. 结构

代理模式的简略类图如图 10-13 所示。

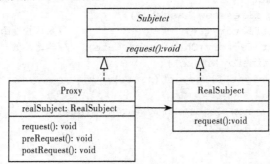

图 10-13　代理模式简略类图

Subject：抽象主题。声明了真实主题和代理主题的共同接口，这样一来在任何可以使用真实主题的地方都可以使用代理主题。

Proxy：代理主题。内部含有对真实主题的引用，从而可以在任何时候操作真实主题对象；提供一个与真实主题角色相同的接口，以便可以在任何时候都可以替代真实主题；控制对真实主题的引用，负责在需要的时候创建真实主题对象（删除真实主题对象）；通常在将客户端调用传递给真实的主题之前或者之后，都要执行某个操作，而不是单纯地将调用传递给真实主题对象。

RealSubject：真实主题。定义了 Proxy 所代表的真实对象。

3. 示意源代码

```
interface Subject{                     //抽象主题
  void request();                      //声明一个抽象的请求方法
}
class RealSubject implements Subject{   //具体主题
  public RealSubject(){                //构造函数
  }
  public void request(){               //实现请求方法
    System.out.println("From real subject.");
  }
}
class Proxy implements Subject{         //代理主题
  private RealSubject realSubject;
  public Proxy(){                      //构造函数
  }
  public void request(){               //实现请求方法
    preRequest();
    if(realSubject==null)
      realSubject=new RealSubject();
    realSubject.request();
    postRequest();
  }
  private void preRequest(){
    System.out.println("proxy preRequest.");     //请求前的操作
  }
  private void postRequest(){
    System.out.println("proxy postRequest.");    //请求后的操作
  }
}

public class Client {
  public static void main(String[] args) {
    Subject subject=new Proxy();
    subject.request();
  }
}
```

程序的执行结果如下：

```
proxy preRequest.
From real subject.
proxy postRequest.
```

10.4 行为型模式

行为型模式分为类的行为模式和对象的行为模式两种。类的行为模式使用继承关系在几个类之间分配行为，包括解释器模式和模板方法模式。对象的行为模式是使用对象的聚合来分配行为，包括策略模式、观察者模式、迭代子模式、责任链模式、命令模式、备忘录模式、状态模式、访问者模式、调停者模式。

10.4.1 策略模式

1. 概述

策略（Strategy）模式针对一组算法，将每一个算法封装到具有共同接口的独立的类中，从而使得它们可以相互替换。策略模式使得算法可以在不影响到客户端的情况下发生变化。策略模式把行为和环境分开，环境类负责维持和查询行为类，各种算法在具体的策略类中提供。由于算法和环境独立开来，算法的增减、修改都不会影响到环境和客户端。

2. 结构

策略模式的简略类图如图 10-14 所示。

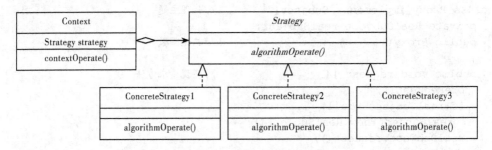

图 10-14 策略模式简略类图

Strategy：抽象策略类。给出所有的具体策略类所需的接口，定义一个公共接口给所有支持的算法。Context 使用这个接口调用 ConcreteStrategy 定义的算法。

ConcreteStrategy：具体策略类。调用 Strategy 接口实现具体算法。

Context：环境。用 ConcreteStrategy 对象配置执行环境，持有一个 Strategy 类的引用，定义一个接口供 Strategy 存取其数据。

3. 示意源代码

```
interface Strategy { //抽象策略，规定所有具体策略类必须实现的接口
  void algorithmOperate();  //策略方法
}
class ConcreteStrategy1 implements Strategy {//具体策略1，实现了抽象策略接口
  public void algorithmOperate() {           //策略方法
    System.out.println("algorithmOperate in ConcreteStrategy1.");//系统逻辑
  }
}
class ConcreteStrategy2 implements Strategy {//具体策略2，实现了抽象策略接口
  public void algorithmOperate() {           //策略方法
    System.out.println("algorithmOperate in ConcreteStrategy2.");//系统逻辑
```

```
    }
  }
class Context {                              //持有一个对策略角色的引用
  private Strategy strategy;
  public Context(Strategy strategy){
    this.strategy=strategy;
  }
public void contextOperate() {              //策略方法
    strategy.algorithmOperate();
  }
}

public class Client {
  public static void main(String[] args) {
    Context context;
    context=new Context(new ConcreteStrategy1());
    context.contextOperate();
    context=new Context(new ConcreteStrategy2());
    context.contextOperate();
  }
}
```

程序的执行结果如下：

```
algorithmOperate in ConcreteStrategy1.
algorithmOperate in ConcreteStrategy2.
```

10.4.2 模板方法模式

1．概述

模板方法（Template Method）模式定义一个操作中的算法的骨架，而将一些步骤延迟到子类中。使得子类可以不改变一个算法的结构即可重定义该算法的某些特定步骤。

2．结构

模板方法模式的简略类图如图 10-15 所示。

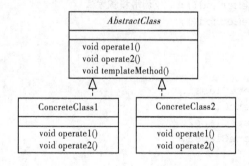

图 10-15 模板方法简略类图

AbstractClass：抽象模板。它的方法分为两类：基本方法，也称做基本操作，是由子类实现的方法，并且在模板方法被调用；模板方法，可以有一个或几个，一般是一个具体方法，也就是一个骨架，实现对基本方法的调度，完成固定的逻辑。为防止恶意的操作，一般模板方法都加上 final 关键字，不允许被覆写。

ConcreteClass：具体模板。实现父类所定义的一个或多个抽象方法，也就是父类定义的基本方法在子类中得以实现。

3．示意源代码

```java
abstract class AbstractClass {              //抽象模版
  protected abstract void operate1();  //基本方法
  protected abstract void operate2();  //基本方法
  public void templateMethod(){              //模板方法，调用基本方法，完成相关的逻辑
    this.operate1();
    this.operate2();
  }
}
class ConcreteClass1 extends AbstractClass {             //具体模板
  protected void operate1() {                            //实现基本方法
    System.out.println("operate1 in ConcreteClass1."); //业务逻辑处理
  }
  protected void operate2() {
    System.out.println("operate2 in ConcreteClass1."); //业务逻辑处理
  }
}
class ConcreteClass2 extends AbstractClass {
  protected void operate1() {                            //实现基本方法
    System.out.println("operate1 in ConcreteClass2."); //业务逻辑处理
  }
  protected void operate2() {
    System.out.println("operate2 in ConcreteClass2."); //业务逻辑处理
  }
}

class Client {
  public static void main(String[] args) {
    AbstractClass class1=new ConcreteClass1();
    AbstractClass class2=new ConcreteClass2();
    class1.templateMethod();  //调用模板方法
    class2.templateMethod();
  }
}
```

程序执行结果如下：

```
operate1 in ConcreteClass1.
operate2 in ConcreteClass1.
operate1 in ConcreteClass2.
operate2 in ConcreteClass2.
```

10.4.3　状态模式

1．概述

状态（State）模式允许一个对象在其内部状态改变时改变其行为，这个对象看上去就像是改变了它的类一样。状态模式在对象内保存特定的状态，并且就不同的状态履行不同的行为。状态模式把所研究的对象的行为包装在不同的状态对象里，每一个状态对象都属于一个抽象状态类的

一个子类。当系统的状态变化时，系统便改变所选的子类。

2．结构

状态模式的简略类图如图 10-16 所示。

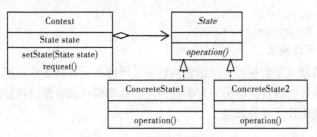

图 10-16　状态模式简略类图

Context：情境类。定义客户应用程序有兴趣的接口，保留一个具体状态类的对象，该对象给出此情境对象的现有状态。

State：抽象状态。定义一个接口，以封装与 Context 的一个特定的状态所对应的行为。

ConcreteState：具体状态类。每个具体状态类实现了一个 Context 的一个状态所对应的行为。

3．示意源代码

```
interface State{//抽象状态
  void operation();
}
class ConcreteState1 implements State{
  public void operation(){
    System.out.println("operation in ConcreteState1");
  }
}
class ConcreteState2 implements State{
  public void operation(){
    System.out.println("operation in ConcreteState2");
  }
}

class Context{//情境类，持有一个 State 对象，并把所有的行为委派给此对象
  private State state;
  public void setState(State state){ //委派给类型为 State 的一个对象
    this.state=state;
  }
  public void request(){///实际上委派给某一个具体状态类的对象
    state.operation();
  }
}

public class Client{
  public static void main(String[] args){
    Context context=new Context();
    context.setState(new ConcreteState1());
    context. request();
    context.setState(new ConcreteState2());
```

```
        context. request();
    }
}
```

程序执行结果如下：

```
operation in ConcreteState1
operation in ConcreteState2
```

4．状态模式与策略模式

状态模式和策略模式非常相似，但是它们解决的问题不同：状态模式解决内在状态的改变，策略模式解决内部算法的改变。解决的方法也不同：状态模式通常是自我控制状态的改变，策略模式是由外部指定使用什么样的策略。

10.4.4　命令模式

1．概述

命令（Command）模式又称为行动（Action）模式或交易（Transaction）模式。命令模式通过被称为 Command 的类封装了对目标对象的调用行为以及调用参数。把一个请求或者操作封装到一个对象中，允许系统使用不同的请求把客户端参数化，便请求排队或者记录请求日志，可以提供命令的撤销和恢复功能。

命令模式把发出命令的责任和执行命令的责任分隔开，完全解耦委派给不同的对象。每一个命令都是一个操作：请求的一方发出请求要求执行一个操作；接收的一方收到请求，并执行操作。命令模式允许请求的一方和发送的一方独立开来，使得请求的一方不必知道接收请求的一方的接口，更不必知道请求是怎么被接收，以及操作是否执行，何时被执行以及是怎么被执行的。因此，命令模式提供了灵活性和可扩展性。

2．结构

Command：抽象命令。声明了一个所有具体命令类的抽象接口，声明执行方法。

ConcreteCommand：具体命令类。将一个接收者对象绑定于一个动作，定义一个接收者和行为之间的弱耦合。实现执行方法，负责调用接收者的相应行动方法。

Invoker：请求者/调用者。负责调用命令对象执行一个请求，相关的方法称做行动方法。

Receiver：接收者。负责具体实施和执行一个请求。任何一个类都可以成为接收者，实施和执行请求的方法称做行动方法。

Client：客户应用程序。创建一个具体命令类的对象，并且设定它的接收者。

命令模式的简略类图如图 10-17 所示。

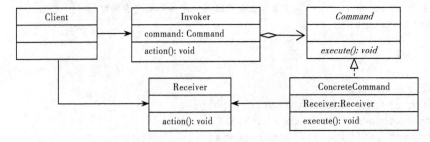

图 10-17　命令模式简略类图

3．示意源代码

```java
class Invoker{
  private Command command;
  public Invoker(Command command) {//构造子接收 Command 类型的参量
    this.command=command;
  }
  public void action(){    //行动方法调用 Command 对象的 execute()方法执行此命令对象
    command.execute();
  }
}

class Receiver{           //命令的接收者，在命令的控制下执行行动方法
  public Receiver(){       //构造函数
  }
  public void action() {  //行动方法
    System.out.println("Action has been taken.");
  }
}

interface Command{        //抽象命令，规定具体命令对象必须实现的接口
  void execute();        //执行方法
}

class ConcreteCommand implements Command{    //具体命令
  private Receiver receiver;
  public ConcreteCommand(Receiver receiver){ //构造函数
    this.receiver=receiver;
  }
  public void execute(){ //执行方法实现了抽象命令角色所规定出的接口
    receiver.action();
  }
}

class Client{ //客户端创建了 Receiver 对象、ConcreteCommand 对象和 Invoker 对象
  public static void main(String[] args) {
    Receiver receiver=new Receiver();
    Command command=new ConcreteCommand(receiver);
    Invoker invoker=new Invoker(command);
    invoker.action();
  }
}
```

程序的执行结果如下：

```
Action has been taken.
```

10.4.5　责任链模式

1．概述

责任链（Chain of Responsibility）模式避免请求发送者与接收者耦合在一起。很多对象由每一个对象对其下家的引用而接起来形成一条链，请求在这个链上传递，直到链上的某一个对象决定

处理此请求。发出这个请求的客户端并不知道链上的哪一个对象最终处理这个请求，这使得系统可以在不影响客户端的情况下动态地重新组织链和分配责任。处理者有承担责任或者把责任推给下家两个选择，一个请求可以最终不被任何接收端对象所接收。

2. 结构

责任链模式的简略类图如图 10-18 所示。

图 10-18　责任链模式简略类图

Handler：抽象处理者，传递者接口，实现链中下一个对象（可选）。定义一个处理请求的接口，接口可以定义出一个方法，以设定和返回对下家的引用。

ConcreteHandler：具体处理者，具体传递者。接到请求后，可以选择将请求处理掉，或者将请求传给下家。持有对下家的引用，可以访问下家。

3. 示意源代码

```
abstract class Handler{//抽象处理者
  protected Handler successor;
  public abstract void handleRequest(); //处理方法，调用此方法处理请求
  public void setSuccessor(Handler successor){ //赋值方法，调用此方法设定下家
    this.successor=successor;
  }
  public Handler getSuccessor(){          //取值方法
    return successor;
  }
}
class ConcreteHandler extends Handler{ //具体处理者
  public void handleRequest(){          //处理方法，调用此方法处理请求
    if(getSuccessor()!=null){
      System.out.println("The request is passed to "+getSuccessor());
      getSuccessor().handleRequest();
    }else{
      System.out.println("The request is handled here.");
    }
  }
}

class Client{
  static private Handler handler1, handler2;
  public static void main(String[] args){
    handler1=new ConcreteHandler();
    handler2=new ConcreteHandler();
```

```
        handler1.setSuccessor(handler2);
        handler1.handleRequest();
    }
}
```

程序执行结果如下:

```
The request is passed to ConcreteHandler@adb1d4
The request is handled here.
```

10.4.6　备忘录模式

1．概述

备忘录（Mememto）模式在不破坏封装的前提下，捕获并且保存一个对象的内部状态，从而可以在将来合适的时候把这个对象还原到原先保存的状态。备忘录对象是一个用来存储另外一个对象内部状态的快照的对象。

备忘录模式的简略类图如图 10-19 所示。

2．结构

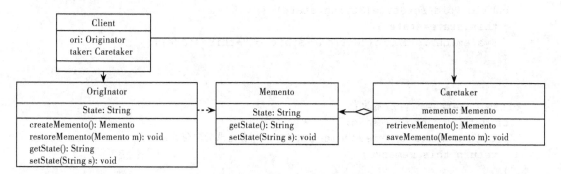

图 10-19　备忘录模式简略类图

Originator：原发器。创建一个备忘录，记录它的当前内部状态。可以利用一个备忘录来恢复它的内部状态。

Caretaker：看管者。只负责看管备忘录，不可以对备忘录的内容操作和检查。

Memento：备忘录。保存原发器的内部状态，根据原发器来决定保存哪些内部的状态。保护其内容不被原发器对象之外的对象访问。备忘录可以有效地利用两个端口，看管者只能调用功能有限的窄接口——它只能传递备忘录给其他对象；而原发器可以调用一个功能强大的宽接口，通过这个接口可以访问所有需要的数据，使原发器可以返回先前的状态。理想的情况，只允许生成本备忘录的原发器访问本备忘录时的内部状态。

3．示意源代码

```
class Originator {  //原发器
  private String state;
  public Memento createMemento() {  //返回一个新的备忘录对象
    return new Memento(state);
  }
  public void restoreMemento(Memento memento) {
    //将发起人恢复到备忘录对象所记载的状态
    this.state=memento.getState();
```

```java
    }
    public String getState() {
      return this.state;
    }
    public void setState(String state) {
      this.state=state;
      System.out.println("Current stste = "+this.state);
    }
}

class Memento {//备忘录
  private String state;
  public Memento(String state) {
    this.state=state;
  }
  public String getState() {
    return this.state;
  }
  public void setState(String state) {
    this.state=state;
    System.out.println("Current state = "+this.state);
  }
}

class Caretaker { //看管者
  private Memento memento;
  public Memento retrieveMemento() {   //备忘录的取值方法
    return this.memento;
  }
  public void saveMemento(Memento memento) {   //备忘录的保存方法
    this.memento=memento;
  }
}

public class Client {
  private static Originator ori=new Originator();
  private static Caretaker taker=new Caretaker();
  public static void main(String[] args) {
  ori.setState("On");  //当前的状态
  taker.saveMemento(ori.createMemento());  //保存当前状态
  ori.setState("Off");  //修改状态
  ori.restoreMemento(taker.retrieveMemento());  //恢复状态
  System.out.println("retrieve state = " + ori.getState());  //On 状态
}
}
```

程序执行结果如下：

```
Current stste = On
Current stste = Off
retrieve state = On
```

10.4.7　观察者模式

1．概述

观察者（Observer）模式又称发布-订阅（Publish-Subscribe）模式、模型-视图（Model-View）模式、源-监听器（Source-Listener）模式或从属者（Dependents）模式。观察者模式定义了对象间一种一对多的依赖关系，让多个观察者对象同时监听某一个主题对象。这个主题对象在状态上发生变化时，会通知所有观察者对象，使它们能够自动更新自己。

观察者模式的简略类图如图 10-20 所示。

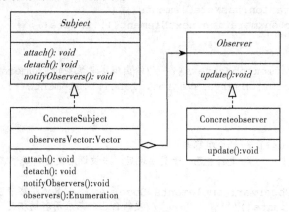

图 10-20　观察者模式简略类图

2．结构

Subject：抽象主题，被观察对象。把所有对观察者对象的引用保存在一个聚集（比如 Vector 对象）里，每个主题都可以有任意数量的观察者。抽象主题提供一个接口，可以增加和删除观察者对象。

ConcreteSubject：具体主题，具体被观察对象。具体观察者对象可以含有多个对抽象观察者对象的引用。将有关状态存入具体观察者对象，在具体主题的内部状态改变时，给所有登记过的观察者发出通知。

Observer：抽象观察者。为所有的具体观察者定义一个接口，接口中包含更新方法，在得到主题通知被观察对象改变时更新自己。

ConcreteObserver：具体观察者。实现抽象观察者角色所要求的更新接口，以保持其状态与 ConcreteSubject 对象一致。

3．示意源代码

```
interface Subject{                          //抽象主题
  public void attach(Observer observer);    //登记一个新的观察者对象
  public void detach(Observer observer);    //删除一个已经登记过的观察者对象
  void notifyObservers();                   //通知所有登记过的观察者对象
}
```

attach()方法和 detach()方法实际上是聚集的管理方法，抽象主题角色声明了这两个方法，实际上是要求具体子类维护一个以所有观察者对象为元素的聚集。

```
import java.util.Vector;
import java.util.Enumeration;
class ConcreteSubject implements Subject{//具体主题
```

```
//使用一个向量保存所有观察者对象，attach()和detach()对此向量元素进行增减操作
private Vector observersVector= new java.util.Vector();
public void attach(Observer observer){  //调用这个方法登记一个新的观察者对象
  observersVector.addElement(observer);
  }
 public void detach(Observer observer){  //删除一个已经登记过的观察者对象
  observersVector.removeElement(observer);
  }
 public void notifyObservers(){                //通知所有登记过的观察者对象
  Enumeration enumeration=observers();
  while(enumeration.hasMoreElements()){
    ((Observer)enumeration.nextElement()).update();
  }
 }
public Enumeration observers(){ //给出观察者聚集的Enumeration对象
  return ((Vector)observersVector.clone()).elements();
  }
}

interface Observer{ //抽象观察者
 void update();       //更新自己，子类实现后，一被调用便更新观察者对象
}
class ConcreteObserver1 implements Observer{ //具体观察者1
 public void update(){              //更新自己，与应用密切相关
   System.out.println("notified 1 …");
 }
}
class ConcreteObserver2 implements Observer{ //具体观察者2
 public void update(){              //更新自己，与应用密切相关
   System.out.println("notified 2 …");
 }
}

class Client{
 public static void main(String[] args){
   Observer o1=new ConcreteObserver1();
   Observer o2=new ConcreteObserver2();
   Subject s=new ConcreteSubject();
   s.attach(o1);
   s.attach(o2);
   s.notifyObservers();
 }
}
```

程序执行结果如下：

```
notified 1 …
notified 2 …
```

10.4.8 调停者模式

1．概述

调停者（Mediator）模式，也称中介者模式，包装了一系列对象相互作用的方式，使得这些对象不必明显相互作用，从而使其耦合更加松散。当某些对象之间的作用发生改变时，不会立即影

响其他的一些对象之间的作用，从而保证这些作用可以彼此独立的变化。调停者模式将多对多的相互作用转化为一对多的相互作用。调停者模式将对象的行为和协作抽象化，把对象在小尺度的行为上与其他对象的相互作用分开处理。

2. 结构

调停者模式的简略类图如图 10-21 所示。

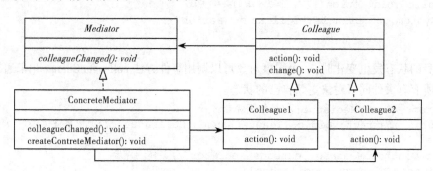

图 10-21　调停者模式简略类图

Mediator：抽象调停者。定义一个接口用于与各同事对象（Colleague）之间通信。

ConcreteMediator：具体调停者。实现了抽象调停者所声明的事件方法，协调各个同事对象实现协作的行为，掌握并且维护它的各个对象引用。

Colleague：抽象同事类。定义出调停者到同事对象的接口，同事对象只知道调停者而不知道其余的同事对象。

Concrete Colleague：具体同事类。所有的具体同事类均从抽象同事类继承而来，每一个具体同事类都很清楚自己在小范围内的行为，而不知道自己在大范围内的目的。

3. 示意源代码

一个同事对象在得知其他对象有变化时，会执行行动方法 action()。

```java
abstract class Colleague{            //抽象同事
  private Mediator mediator;
  public Colleague(Mediator m){      //构造函数，作为参量接收调停者对象
    mediator=m;
  }
  public Mediator getMediator(){     //取值方法，提供调停者对象
    return mediator;
  }
  public abstract void action();     //行动方法，由子类实现
  public void change(){              //示意性的系统方法,调用此方法可以改变对象的内部状态
    mediator.colleagueChanged(this);
  }
}
class Colleague1 extends Colleague{   //具体同事
  public Colleague1(Mediator m){      //构造函数，接收调停者对象作为参量
    super(m);
  }
  public void action(){               //行动方法的具体实现，与系统逻辑有关
    System.out.println("Colleague1 action");
```

```
    }
  }
  class Colleague2 extends Colleague{
    public Colleague2(Mediator m){//构造函数，作为参量接收调停者对象
      super(m);
    }
    public void action(){//行动方法的具体实现
      System.out.println("Colleague2 action");
    }
  }
```

当自身的状态发生变化时，一个同事对象可以调用事件方法 colleagueChanged()来通知调停者，从而通知所有有关的同事对象更新自己的状态。

```
  abstract class Mediator{//抽象调停者
    public abstract void colleagueChanged(Colleague c); //事件方法，由子类实现
  }
  class ConcreteMediator extends Mediator{//具体调停者
    private Colleague1 colleague1;
    private Colleague2 colleague2;
    public void colleagueChanged(Colleague c){//事件方法的具体实现
      if(c==colleague1){
        System.out.println("colleague1发生改变，其他同事对象作出响应");
        this.colleague2.action();
      }else if(c==colleague2){
        System.out.println("colleague2发生改变，其他同事对象作出响应");
        this.colleague1.action();
      }
    }
  public void createConcreteMediator(){//工厂方法，将所有的同事类实例化
      colleague1=new Colleague1(this); //创建同事对象
      colleague2=new Colleague2(this);
    }
    public Colleague1 getColleague1(){//取值方法，提供同事对象
      return colleague1;
    }
    public Colleague2 getColleague2(){//取值方法，提供同事对象
      return colleague2;
    }
  }

  public class Client {
    public static void main(String args[]){
      ConcreteMediator mediator=new ConcreteMediator();
      mediator.createConcreteMediator();
      Colleague c1= mediator.getColleague1();
      Colleague c2= mediator.getColleague2();
      c1.change();
      c2.change();
    }
  }
```

执行结果如下：

colleague1发生改变，其他同事对象作出响应

```
Colleague2 action
colleague2 发生改变，其他同事对象作出响应
Colleague1 action
```

4．迪米特法则

迪米特法则要求一个对象应当只知道它的直接合作者的接口。调停者模式创造出一个调停者对象，使得一个对象与其同事的相互作用被这个对象与调停者对象的相互作用所取代。调停者模式便是迪米特法则的一个具体应用。

10.4.9　访问者模式

1．概述

访问者（Visitor）模式封装了施加于某种数据结构元素之上的操作，这些操作修改时，数据结构保持不变。访问者模式适用于数据结构未确定的系统，数据结构和作用于结构上的操作解耦，操作集合可以相对自由的演化。

访问者模式的简略类图如图 10-22 所示。

2．结构

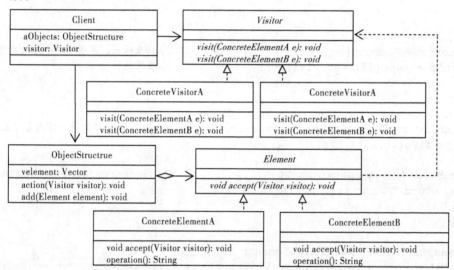

图 10-22　访问者模式简略类图

Visitor：抽象访问者。为对象结构类中的每一个 ConcreteElement 的类声明一个访问操作，形成所有的具体元素角色必须实现的接口。

ConcreteVisitor：具体访问者。实现由 Visitor 声明的各个访问操作。

Element：抽象元素。声明一个接收操作，它以一个访问者为参数。

ConcreteElement：具体元素。实现抽象元素所规定的接收操作，它以一个访问者为参数。

ObjectStructure：对象结构类。能枚举它的元素，可以提供一个高层接口以允许访问者访问它的元素。

3．示意性源代码

抽象访问者角色为每一个结点都提供了一个访问操作，接收相应的结点对象作为参量。

```
interface Visitor{  //抽象访问者
```

```
  void visit(ConcreteElementA element);   //对应于ConcreteElementA的访问操作
  void visit(ConcreteElementB element);   //对应于ConcreteElementB的访问操作
}
```

具体访问者ConcreteVisitorA和ConcreteVisitorB类实现了抽象访问者声明的访问操作。

```
class ConcreteVisitorA implements Visitor{   //具体访问者
  public void visit(ConcreteElementA element){//对应于ConcreteElementA的访问操作
    System.out.println(element.operation());
  }
  public void visit(ConcreteElementB element){//对应于ConcreteElementB的访问操作
    System.out.println(element.operation());
  }
}

class ConcreteVisitorB implements Visitor{   //具体访问者
  public void visit(ConcreteElementA element){//对应于ConcreteElementA的访问操作
    System.out.println(element.operation());
  }
  public void visit(ConcreteElementB element){//对应于ConcreteElementB的访问操作
    System.out.println(element.operation());
  }
}

interface Element{                        //抽象结点,声明了一个接收操作
  void accept(Visitor visitor);           //接收操作
}

class ConcreteElementA implements Element{ //具体结点
  public void accept(Visitor visitor){    //接收操作,接收一个访问者对象作为参量
    visitor.visit(this);
  }
  public String operation(){              //ConcreteElementA特有的方法
    return "ConcreteElementA is visited";
  }
}

class ConcreteElementB implements Element{
  public void accept(Visitor visitor){    //接收操作
    visitor.visit(this);
  }
  public String operation(){              //ConcreteElementB特有的方法
    return "ConcreteElementB is visited";
  }
}

import java.util.Vector;
import java.util.Enumeration;
class ObjectStructure{                     //对象结构,持有一个聚集
  private Vector velement;
  private Element element;
  public ObjectStructure(){                //构造函数
    velement=new Vector();
  }
```

```
  public void action(Visitor visitor){        //执行访问操作
    for(Enumeration e=velement.elements(); e.hasMoreElements();) {
      element=(Element)e.nextElement();
      element.accept(visitor);
    }
  }
  public void add(Element element){        //增加一个新的元素,对聚集的管理操作
    velement.addElement(element);
  }
}

class Client{
  private static ObjectStructure aObjects;
  private static Visitor visitor;
  public static void main(String[] args){
    aObjects=new ObjectStructure();        //创建一个结构对象
    aObjects.add(new ConcreteElementA());  //给结构增加一个结点
    aObjects.add(new ConcreteElementB());  //给结构增加一个结点
    visitor=new ConcreteVisitorA();        //创建一个新的访问者
    aObjects.action(visitor);              //让访问者访问结构
  }
}
```

程序执行结果如下:

```
ConcreteElementA is visited
ConcreteElementB is visited
```

10.4.10　迭代器模式

1. 概述

迭代器（Iterator Pattern）模式可以顺序访问一个容器对象中各个元素，而又不需要暴露该容器对象的内部细节。多个对象聚在一起形成的总体称之为聚集，聚集对象是能够包容一组对象的容器对象。每一个聚集对象都可以有一个或一个以上的迭代器对象，每一个迭代器的迭代状态可以是彼此独立的。

2. 结构

迭代器模式的简略类图如图 10-23 所示

图 10-23　迭代器模式简略类图

Iterator：抽象迭代器。迭代器定义访问和遍历元素的接口。

ConcreteIterator：具体迭代器。实现迭代器接口，在遍历时跟踪当前聚合对象的位置。

Aggregate：聚合。定义一个创建迭代器对象的接口。

ConcreteAggregate：具体聚合。实现创建迭代器对象，返回一个具体迭代器的实例。

3. 示意源代码

```java
abstract class Aggregate{
  public abstract Iterator createIterator();
}
interface Iterator{
  void first();
  void next();
  boolean isDone();
  Object currentItem();
}

class ConcreteAggregate extends Aggregate{
  private Object[] objs={"Software","Design","and","Architecture","lqc"};
  public Iterator createIterator(){
    return new ConcreteIterator(this);
  }
  public Object getElement(int index){
    if(index<objs.length){
      return objs[index];
    }else{
      return null;
    }
  }
  public int size(){
    return objs.length;
  }
}

class ConcreteIterator implements Iterator{
  private ConcreteAggregate agg;
  private int index=0;
  private int size=0;
  public ConcreteIterator(ConcreteAggregate agg){
    this.agg=agg;
    size=agg.size();
    index=0;
  }
  public void first(){
    index=0;
  }
  public void next(){
    if(index<size){
      index++;
    }
  }
```

```
public boolean isDone(){
    return(index>=size);
}
public Object currentItem(){
    return agg.getElement(index);
}
}

class Client{
  private Iterator it;
  private Aggregate agg=new ConcreteAggregate();
  public void operation(){
    it=agg.createIterator();
    while(!it.isDone()){
      System.out.println(it.currentItem().toString());
      it.next();
    }
  }
  public static void main(String[] args){
    Client client=new Client();
    client.operation();
  }
}
```

程序执行结果如下：

```
Software
Design
and
Architecture
lqc
```

10.4.11　解释器模式

1. 概述

解释器（Interpreter）模式针对给出的一种语言，定义这种语言文法的一种表示。定义一个解释器，客户端可以使用这个解释器用它来解释使用这种语言的句子。在有了一个简单的文法后，解释器模式将描述怎样使用模式设计解释这些语句。在解释器模式中需要定义一个代表文法命令类的等级结构，也就是一系列的组合规则。每一个命令对象都有一个解释方法，代表对命令对象的解释。

解释器模式描述了一个语言解释器是怎么构成的，使用面不是很广，在实际应用中可能很少去构造一个语言的解释器。

2. 结构

解释器模式的简略类图如图 10-24 所示。

Exexpression：抽象表达式，执行解释操作，所有具体表达式角色（抽象语法树中的结点）均要实现。

TerminalExpression：终结符表达式，具体表达式。实现与文法中的终结符相关联的解释操作；而且句子中的每个终结符需要该类的一个实例与之对应。

NonterminalExpression：非终结符表达式，具体表达式。文法中的每条规则 R:=R1R2...Rn 都需要一个非终结符表达式角色；对于从 R1 到 Rn 的每个符号都维护一个抽象表达式角色的实例变量；实现解释操作，一般要递归地调用表示从 R1 到 Rn 的那些对象的解释操作。

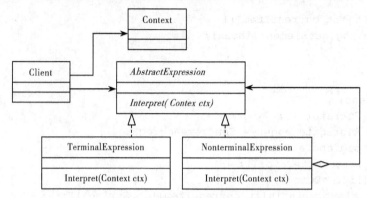

图 10-24　解释器模式简略类图

Context：上下文（环境），包含解释器之外的一些全局信息。

Client：客户端。构建（或者被给定）表示该文法定义的语言中的一个特定的句子的抽象语法树，文法树由终结符表达式或者非终结符表达式的实例组成；调用文法树中的表达式实例的解释操作。

3. 示意源代码

抽象表达式是生成语法集合（也称做语法树）的关键，每个语法集合完成指定语法解析任务，它是通过递归调用的方式，最终由最小的语法单元进行解析完成。

```
abstract class Expression {//抽象表达式
  public abstract void interpret(Context context); //每个表达式必须有一个解析任务
}
```

终结符表达式比较简单，主要是处理场景元素和数据的转换。

```
class TerminalExpression extends Expression {//终结符表达式
  //通常终结符表达式只有一个，但是有多个对象
  public void interpret(Context context) {
    System.out.println("终结符表达式");
  }
}
```

每个非终结符表达式都代表了一个文法规则，并且每个文法规则都只关心自己周边的文法规则结果，因此就产生了每个非终结符表达式调用自己周边的非终结符表达式，然后最终、最小的文法规则就是终结符表达式，终结符表达式不能再参与比自己更小的文法运算。

```
class NonterminalExpression extends Expression {//非终结符表达式
  //每个非终结符表达式都会对其他表达式产生依赖
  public NonterminalExpression(Expression... expression){
  }
  public void interpret(Context context) {//进行文法处理
    System.out.println("非终结符表达式");
  }
}

class Context {
  private String input;
```

```
private String output;
public String getOutput() {
  return output;
}
public void setOutput(String output) {
  this.output=output;
}
public String getInput() {
  return input;
}
public void setInput(String input) {
  this.input=input;
}
}
```

客户端 Client 是一个封装类，封装的结果就是传入一个规范语法文件，解析器分析后产生结果并返回，避免了调用者与语法解析器的耦合关系。

```
import java.util.ArrayList;
import java.util.List;
class Client{
  private static final ArrayList AbstractExpression = null;
  public static void main(String[] args) {
    Context context=new Context();
    //语法容器容纳一个具体的表达式，通常为 ListArray, LinkedList, Stack 等类型
    List<Expression> list=new ArrayList<Expression>();
    //for(;;){ //进行语法判断，并产生递归调用
    //}
    //产生一个完整的语法树，由各个具体的语法分析进行解析
    list.add(new TerminalExpression());
    list.add(new NonterminalExpression());
    list.add(new TerminalExpression() );
    for(Expression exp: list){
      exp.interpret(context); //具体元素进入场景
    }
  }
}
```

程序执行结果如下：

终结符表达式

非终结符表达式

终结符表达式

参 考 文 献

[1] 郑人杰，马素霞，殷人昆. 软件工程概论[M]. 北京：机械工业出版社，2010.

[2] BRAUDE.软件设计——从程序设计到体系结构[M]. 李仁发，等，译. 北京：电子工业出版社，2007.

[3] 张友生. 软件体系结构[M]. 2 版. 北京：清华大学出版社，2006.

[4] 张友生，李雄. 软件体系结构原理、方法与实践[M]. 北京：清华大学出版社，2009.

[5] 覃征，邢剑宽，董金春，等. 软件体系结构[M]. 2 版.北京：清华大学出版社，2008.

[6] 李千目，徐满武，等. 软件体系结构设计[M]. 北京：清华大学出版社，2008.

[7] 马冲，江贺，冯静芳. 软件体系结构软件体系结构理论与实践[M]. 北京：人民邮电出版社，2004.

[8] 余雪丽. 软件体系结构及实例分析[M]. 北京：科学出版社，2004.

[9] 万建成，等. 软件体系结构的原理、组成与应用[M]. 北京：科学出版社出版，2002.

[10] 孙昌爱，金茂忠，刘超. 软件体系结构研究综述.[J] 软件学报. 2002, 13(7): 1228-1237.

[11] 肖媛元. 管道/过滤器式的软件体系结构的应用研究[J]. 大众科技. 2010, 11.

[12] 邵维忠，杨芙清. 面向对象的系统分析[M]. 2 版. 北京：清华大学出版社，2006.

[13] 邵维忠，杨芙清. 面向对象的系统设计[M]. 2 版. 北京：清华大学出版社，2007.

[14] 麻志毅，邵维忠. 面向对象方法基础教程[M]. 北京：高等教育出版社，2004.

[15] 麻志毅. 面向对象分析与设计[M]. 北京：机械工业出版社，2008.

[16] 伽玛，等. 设计模式：可复用面向对象软件的基础（英文版）[M]. 北京：机械工业出版社，2003.

[17] 伽玛，等.设计模式：可复用面向对象软件的基础[M]. 李英军，等，译.北京：机械工业出版社，2005.

[18] 阎宏.Java 与模式[M]. 北京：电子工业出版社，2002.

[19] 莫勇腾. 深入浅出设计模式[M]. 北京：清华大学出版社，2006.

[20] 程杰. 大话设计模式[M]. 北京：清华大学出版社，2007.

[21] 结城浩. 设计模式：Java 语言中的应用[M]. 博硕文化，译.北京：中国铁道出版社，2005.

[22] 刘其成，李凯里，等.Java 程序设计基础[M]. 东营：石油大学出版社，2003.

[23] 耿祥义，张跃平.Java2 实用教程[M]. 3 版. 北京：清华大学出版社，2006.

[24] 石志国，刘翼伟，等.JSP 应用教程（修订本） [M]. 北京：北方交通大学出版社，2008.

[25] 多核系列教材编写组. 多核程序设计[M]. 北京：清华大学出版社，2007.

[26] 李建江，薛巍，等. 并行计算机及编程基础[M]. 北京：清华大学出版社，2011.